Verantwortung

Eine Entscheidungsfrage

Das Buch

Dieser Text nähert sich der Frage der Verantwortung aus elf verschiedenen Blickwinkeln. Er versucht, das Thema schrittweise einzukreisen und auszuleuchten. Was ist Verantwortung? Was braucht es, damit jemand fähig und willens ist, Verantwortung zu übernehmen? Was steht dem organisatorisch oder führungsmäßig im Wege? Was können wir tun, um Verantwortung zu fördern?

Solches fragte sich der Autor, nachdem er in «Hierarchie – Das Ende eines Erfolgsrezepts» festgestellt hatte, dass im Zeitalter der Digitalisierung die formale Hierarchie als leitendes Organisationsprinzip nicht mehr länger funktioniert. Eine zentrale Erkenntnis: Alternative Organisationsformen sind netzwerkartig strukturiert und setzen auf Menschen, die bereit und reif genug sind, konsequent Verantwortung zu übernehmen – für die eigene Rolle und für das eigene Tun und Lassen. Verantwortung einzufordern ist das eine, die Voraussetzungen dafür zu verstehen und zu schaffen, etwas ganz anderes. «Verantwortung – Eine Entscheidungsfrage» liefert die Grundlagen dafür.

Der Autor

Felix Frei studierte Psychologie, Sozialpädagogik und Informatik an der Universität Zürich. Nach dreijähriger Assistenzzeit an der Abteilung Angewandte Psychologie der Universität Zürich promovierte er an der Universität Bern und arbeitete von 1977–1987 am Institut für Arbeitspsychologie der ETH Zürich. 1984–1985 war er Vertretungsprofessor an der Universität Bremen. Felix Frei war Dozent für Arbeits- und Organisationspsychologie an der Abteilung für Informatik der ETH Zürich sowie an den Universitäten Basel, Bern, Bremen und Zürich. Seit 1987 ist Felix Frei Mitgründer und Partner der AOC Unternehmensberatung Zürich.

Von Felix Frei ist bei Pabst Science Publishers die deutsch-englische Ausgabe der Führungsbriefe-Trilogie in drei Bänden erschienen: *33 Führungsbriefe · 33 Leadership Letters* (2010), *Weitere 33 Führungsbriefe · Another 33 Leadership Letters* (2011) und *Die letzten 33 Führungsbriefe · The Final 33 Leadership Letters* (2014a). Und im selben Verlag: *Denkfreiheit – Führungskräfte und das Bewusstseinsfenster* (2014b), *Im Fluss – Unbehagen am Change Management* (2014c), *Hierarchie – Das Ende eines Erfolgsrezepts* (2016) sowie die deutschfranzösische Ausgabe der *Freibriefe – 66 Reflexionen für Geführte · 66 Lettres de réflexion – Pistes à explorer pour les collaborateurs et les collaboratrices (2017)*.

Adresse des Verfassers: Dr. Felix Frei · AOC Unternehmensberatung Zürich · Bergstraße 134 · CH-8032 Zürich · felix.frei@aoc-consulting.com · www.aoc-consulting.com

Felix Frei

Verantwortung

Eine Entscheidungsfrage

Pabst Science Publishers
Lengerich

Bibliografische Information der Deutschen Nationalbibliothek

Die Deutsche Nationalbibliothek verzeichnet diese Publikation in der Deutschen National-
bibliografie; detaillierte bibliografische Daten sind im Internet über <http://dnb.ddb.de>
abrufbar.

© 2017 Pabst Science Publishers, 49525 Lengerich, Germany

Printed in the EU by booksfactory.de
Umschlaggestaltung: YOUHEY Communication AG, 3400 Burgdorf, Switzerland
Korrektorat: jostmedia, 8005 Zürich, Switzerland

Print: ISBN 978-3-95853-332-5
eBook: ISBN 978-3-95853-333-2 (www.ciando.com)

Vorwort

Beim Schreiben kann man zuvor gefundene Antworten wiedergeben, um sie mit Leserinnen und Lesern zu teilen. Oder man kann von einer offenen Frage ausgehen und auf der Suche nach Antworten laufend sein eigenes Denken disziplinieren. Letzteres habe ich hier versucht.

Mir stand ein «planetarisches» Vorgehen vor Augen. Jedes Kapitel beschreibt gewissermaßen eine Planetenlaufbahn um die Sonne der Verantwortung. Mit den elf Umkreisungen dieses Buchs hoffe ich, Ort und Art der Sonne im Zentrum dieser Planetenlaufbahnen zumindest erahnbar gemacht zu haben.

Eine abschließende Definition von Verantwortung werden Sie in diesem Buch vergeblich suchen. Wie definiert man Sonne? An ihrer Bedeutung für unser Leben ändert sich durch dieses Manko aber ganz und gar nichts.

«Chacun voit midi à sa porte», sagen die Franzosen. Das galt nicht nur für die Sonnenuhren am Haus, es gilt auch für die Feststellung, dass alle ihre eigenen Entscheidungen treffen. Und dass alle diese auch zu verantworten haben – ob sie das wissen und akzeptieren oder nicht.

Darin stecken vielerlei Chancen. Vor allem, wenn wir lernen, dass es durchaus lustvoll und befriedigend ist, Verantwortung zu übernehmen. Man kann sich natürlich an der Sonne verbrennen, aber man kann auch von ihrer Wärme und ihrem Licht leben.

Es ist eine Entscheidungsfrage.

Zürich, im Sommer 2017

Um der besseren Lesbarkeit willen wird in diesem Buch sehr oft nur die männliche Form verwendet. Alle Frauen mögen sich bitte dennoch mitangesprochen fühlen.

Inhalt

1 «Eigenverantwortung»: Ein Begriff wird missbraucht.   11

2 Wir müssen uns Verantwortung als Materie denken –
was weg ist, ist weg.   31

3 Wo «oben» Patronales lebt, ist «unten» Infantiles
nicht weit.   49

4 Sieben verführerische Gründe, keine Verantwortung
zu übernehmen.   67

5 Verantwortung gibt Antworten:
Wer stellt die Fragen?   85

6 Wider die Atomisierung! Wozu wir nicht alleine
auf der Welt sind.   103

7 Entwicklung von Verantwortung gleich Chance
plus Überforderung.   121

8 Weiß die linke Hand nicht, was die rechte tut?   137

9 Nicht immer halten sich die Menschen an unser
Menschenbild.   155

10 Was tun? Projekt V.   173

11 Verantwortung: Eine Entscheidungsfrage.   191

Literaturverzeichnis   *207*

Dank   *211*

Verantwortung

«*Was ist nun Verantwortung? Verantwortung ist dasjenige, wozu man ‹gezogen› wird, und – dem man sich ‹entzieht›. Damit deutet die Weisheit der Sprache bereits an, dass es im Menschen so etwas wie Gegenkräfte geben muss, die ihn davon abzuhalten suchen, die ihm wesensgemäße Verantwortung zu übernehmen. Und wirklich – es ist etwas an der Verantwortung, das abgründig ist. Und je länger und tiefer wir uns auf sie besinnen, umso mehr werden wir dessen gewahr – bis uns schließlich eine Art Schwindel packen mag. Denn sobald wir uns in das Wesen menschlicher Verantwortung vertiefen, erschauern wir: es ist etwas Furchtbares um die Verantwortung des Menschen – doch zugleich etwas Herrliches! Furchtbar ist es: zu wissen, dass ich in jedem Augenblick die Verantwortung trage für den nächsten; dass jede Entscheidung, die kleinste wie die größte, eine Entscheidung ist ‹für alle Ewigkeit›; dass ich in jedem Augenblick eine Möglichkeit, die Möglichkeit eben des einen Augenblicks, verwirkliche oder verwirke. Nun birgt jeder einzelne Augenblick Tausende von Möglichkeiten, ich aber kann nur eine einzige wählen, um sie zu verwirklichen. Alle andern aber habe ich damit auch schon gleichsam verdammt, zum Nie-sein verurteilt, und auch dies ‹für alle Ewigkeit›! Doch herrlich ist es: zu wissen, dass die Zukunft, meine eigene und mit ihr die Zukunft der Dinge, der Menschen um mich, irgendwie – wenn auch in noch so geringem Maße – abhängig ist von meiner Entscheidung in jedem Augenblick. Was ich durch sie verwirkliche, was ich durch sie ‹in die Welt schaffe›, das rette ich in die Wirklichkeit hinein und bewahre es so vor der Vergänglichkeit.*»

Viktor E. Frankl

1 «Eigenverantwortung»: Ein Begriff wird missbraucht.

Es ist seit einiger Zeit im Management üblich geworden, von Mitarbeiterinnen und Mitarbeitern *Eigenverantwortung* einzufordern. Diese Forderung schien mir bislang durchaus berechtigt.

Im Folgenden will ich zunächst erzählen, wie es überhaupt zu dieser Forderung kam. Dann werde ich zeigen, inwiefern diese Forderung mittlerweile fragwürdig geworden ist. Dazu werde ich sorgfältig hinhören, wie der Begriff eigentlich gebraucht wird. Und schließlich werde ich klären, wieso die Forderung nach Eigenverantwortung faktisch mehr und mehr pervertiert worden ist. Es wird sich nämlich herausstellen, dass sehr oft *nicht* Verantwortung gemeint ist, wenn von Eigenverantwortung die Rede ist.

Der Kampf gegen die Trennung von Denken und Tun

Es gab Zeiten, da wurde eine Äußerung eines Mitarbeiters, die mit «Ich habe gedacht...» begann, von seinem Vorgesetzten mit «Denken ist nicht Ihre Sache, das überlassen Sie mal mir!» abgeklemmt. Es hätte sich natürlich auch um eine Mitarbeiterin handeln können, aber das hätte man damals nicht gesondert erwähnt. Dafür wäre ihre Chance aufs Abgeklemmtwerden sogar noch größer gewesen als bei ihrem männlichen Kollegen. Seit Frederic Winslow Taylor vor gut hundert Jahren das *Prinzip der Trennung von Denken und Tun* eingeführt hatte, war so etwas gängige und erstaunlich wenig hinterfragte Praxis.

Arbeitspsychologen, Gewerkschaften und andere kamen freilich schon in den Siebzigerjahren zur Überzeugung, so etwas sei nicht nur unmenschlich, sondern vor allem eine unvertretbare Verschwendung geistiger Ressourcen. Sie forderten die Aufhebung der Trennung von Denken und Tun. Sie bekämpften - manchmal durchaus erfolgreich -

den Taylorismus*. Es wurden Experimente gemacht mit «Neuen Formen der Arbeitsgestaltung». Da gab es zum Beispiel das *job enlargement*, bei dem jemand nicht nur den stets gleichen Handgriff auszuführen hatte, sondern ein etwas breiteres Aufgabenfeld zugeteilt bekam. Oder es gab *job rotation,* wo man zwischen mehreren uninteressanten Aufgaben wenigstens abwechseln konnte. Kritiker monierten aber nicht zu Unrecht, Null plus Null ergäbe ebenso wie Null mal Null immer noch Null. Es gab daher folgerichtig auch *job enrichment,* das zumindest einen gewissen – wenn auch meist kleinen – Entscheidungsspielraum für selbstständiges Arbeiten (und Denken!) bot. Die Königsdisziplin aber war die Einführung von *teilautonomen Arbeitsgruppen,* die auf ganzheitliche Aufgaben, selbstständige Aufgabenerfüllung und kollektive Entscheidungsspielräume setzten.

Die Hintergründe solcher Entwicklungen waren mannigfach. In Skandinavien gab es umfassende Mitbestimmung der Arbeitnehmer über Betriebsräte und Gewerkschaften. Es gab da eine eigentliche Bewegung zur «Industriellen Demokratie», mit der man sich zu Recht fragte, warum die demokratische Mitsprache der Menschen exakt am Werkstor aufhören sollte. Insbesondere die Autoindustrie – Volvo und Saab – gingen mit mutigen Experimenten voran. Sie verzeichneten gewaltige Besucherströme aus vielen Ländern. Im Frühjahr 1982 konnte ich mit meiner damaligen Forschungsgruppe von der ETH Zürich eine ganze Reihe dieser Experimente selbst besichtigen. Die meisten der fachinteressierten Besucher – so versicherte uns der Werksleiter von Volvo Kalmar – kämen seit Anbeginn des Experiments indes nicht, um etwas zu lernen, sondern um Gründe zu finden, warum es gar nicht gehen *könne.* Zumindest nicht bei ihnen selbst. Diese doch eher deprimierende Erfahrung musste ich in den 35 Jahren seither noch oft bei ähnlich gelagerten mutigen unternehmerischen Experimenten machen.

---

* Als Taylorismus bezeichnet man das von dem US-Amerikaner Frederick Winslow Taylor (1856–1915) begründete Prinzip einer Prozesssteuerung von Arbeitsabläufen, die von einem auf Arbeitsstudien gestützten und arbeitsvorbereitenden Management detailliert vorgeschrieben werden und für die der Begriff *Scientific Management* geprägt wurde. [Wikipedia]

In manchen Ländern war es der gewachsene Bildungsstand der Werktätigen (so die damalige Bezeichnung), der es verunmöglichte, sie bloß als geistlose und stramm ausführende Menschen zu behandeln. Insbesondere aber kamen auch neue Technologien in der Industrie zum Einsatz, die selbst bei den Blaugewandeten den Kopf und nicht nur die Hände beanspruchten. Insbesondere numerisch gesteuerte Werkzeugmaschinen* gehörten dazu.

Kurz nach der Gründung unserer Beratungsfirma vor 30 Jahren konnte ich ein Projekt in der produzierenden Telekom-Industrie begleiten, das teilautonome Gruppen in der Leiterplattenbestückung der Alcatel in der Schweiz einführte. Es war ein aufregendes Projekt. Es gelang, die Durchlaufzeit von 40 auf 10 Tage zu reduzieren, die beteiligten Frauen (plus vereinzelte Männer) wurden deutlich höher qualifiziert, die Löhne konnten steigen, es war rundum ein Erfolg. Der Fall wurde stolz publiziert (vgl. Frei et al. 1996, Kap. 7).

So richtig flächendeckend verbreitet haben sich solche Dinge aber nicht. Wie ich in meinem Buch «Hierarchie – Das Ende eines Erfolgsrezepts» gezeigt habe, hat die hierarchische Ordnung in unserem Denken einen allzu festen Platz. Es verwundert daher nicht, wenn man nur gerade auf die unterste hierarchische Stufe – die Vorarbeiter – verzichtete und «oben» alles beim Alten beließ. Aber es verwundert ebenso wenig, dass dies auf Dauer nicht funktionieren konnte: Denn warum sollten ausgerechnet nur gerade die «Untersten» ohne Chef in der Lage sein zu arbeiten? Hierarchie ist eben auch ein ideologisch befrachtetes Thema. Ich vermute, dass bei vielen Experimenten etwa mit teilautonomen Gruppen die ideologischen Motivationsanteile zu stark waren (bei «unserem» nicht!). Bei Ideologie kann man leicht auch gegenteiliger Auffassung sein.

---

* Numerische Steuerung (engl. numerical control) meint Geräte, die Steuerbefehle für Maschinen lesen können, die als Code auf einem Datenträger gespeichert sind. Mit NC-Maschinen bezeichnet man die erste Generation dieser Technologie. Ab Mitte der Siebzigerjahre entstanden CNC-Steuerungen, die dann integrierte Mini- oder Microcomputer enthielten (das erste C steht für *computerized*). Mit numerischen Steuerungen kann man präziser arbeiten, man kann Steuerungen speichern und wiederverwenden, was ökonomisch sehr wertvoll ist.

Die Stunde der Eigenverantwortung

Die Neunziger- und Nullerjahre waren dann dadurch gekennzeichnet, dass die Computerisierung der Abläufe zusammen mit einer verstärkten Prozessorientierung zunehmend mehr das Regime übernahm. Viele Tätigkeiten waren so strukturiert, dass sie das richtige Tun «erheischten». Es musste so von gar niemandem mehr im Einzelfall angeordnet werden. Die unterste Führung gab es weiter, aber sie *führte* kaum mehr. Ausnahme waren Disziplinarprobleme, das Eingreifen bei Sonderfällen oder Problemen und das Erfüllen von formalen Führungspflichten wie etwa die jährlichen Zielvereinbarungsgespräche.

Dazu kam ein Generationenwandel, der gleichzeitig sehr gut ausgebildete junge Menschen mit hohen Karriereerwartungen *und* solche ohne diese Aspiration hervorbrachte. Daraus resultierte der Boden, auf dem eine Führung heranwuchs, die *nie müssen, aber immer dürfen* will. Es schlug die Stunde der *Eigenverantwortung!* Nun erwartete das Management von den Mitarbeiterinnen und Mitarbeitern, dass sie eigenverantwortlich ihren Aufgaben nachgehen und auf keinerlei Anweisungen warten sollten. Das gilt bis heute.

Die Führungskräfte sind hinreichend mit Projekten, der Sicherung der eigenen Position und der Bewältigung der täglichen Mailflut beschäftigt. Für Führung bleibt nur wenig Zeit. Das gilt in der Industrie ebenso wie in der Dienstleistung, in Großbetrieben sicherlich mehr noch als in KMU*. Die Führungskräfte behalten sich freilich vor, die beschworene Eigenverantwortung jederzeit auch zu übersteuern. Man kann nicht sagen, dass dies stets als besonders hilfreich erlebt würde: Zu viel Mikromanagement der Vorgesetzten zählt zu den häufigsten Klagen bei den Betroffenen. Viele Führungskräfte greifen nämlich nicht dann ein, wenn etwas aus *ihrer* Verantwortung betroffen ist, sondern dann, wenn sie zufällig gerade Zeit haben, um hinzuschauen, *und* et-

---

* Als kleine und mittlere Unternehmen gelten typischerweise solche mit weniger als 500 Mitarbeiterinnen und Mitarbeitern. Manchmal werden auch ökonomische Kennziffern zur Abgrenzung verwendet. In der Schweiz gibt es etwa 600 000 solche Betriebe, wovon über 90 % weniger als zehn Personen beschäftigen.

was anders machen würden, wenn sie selbst (eigenverantwortlich!) an der Stelle ihres Mitarbeiters oder ihrer Mitarbeiterin säßen.

Die Folgen davon sind mehrschichtig. Zum Ersten vermindert sich der Respekt der Mitarbeiterinnen und Mitarbeiter vor der Führungskompetenz ihres/ihrer Vorgesetzten; es ist offenkundig, dass die verordnete Eigenverantwortung nicht wirklich ernst gemeint ist. Zum Zweiten vermindert sich das Gefühl der Mitarbeiterinnen und Mitarbeiter, wirklich für ihre Aufgabe verantwortlich zu sein; es kommt scheinbar ja nicht drauf an, was man macht – der Vorgesetzte korrigiert es ja ohnehin. Zum Dritten vermindert sich der Respekt der Vorgesetzten vor ihren Mitarbeiterinnen und Mitarbeitern; zu oft muss man ihre Arbeit korrigieren. Zum Vierten verstärken sich die letztgenannten zwei Phänomene gegenseitig; es entsteht eine Negativspirale, aus der es kaum ein Entkommen gibt. Zum Fünften beginnen viele Mitarbeiterinnen und Mitarbeiter, sich nicht mehr den eigenen Kopf zu zerbrechen, sondern den des/der Vorgesetzten; was selbstständiges Denken war, wird zum Erraten dessen, was er/sie an der eigenen Stelle täte.

In dieser Logik wird aus Eigenverantwortung stillschweigend vorauseilender Gehorsam.

Ist Eigenverantwortung nicht Verantwortung?

Ganz anders stellt sich die Sache beim Top-Management dar. Merkwürdigerweise spricht auf den hierarchisch höheren Ebenen niemand von Eigenverantwortung. Hier ist ausschließlich die Rede von *Verantwortung.* Auch dies ist ein unscharfer Begriff. Meist wird einem Verantwortung übertragen. Man muss sich dafür entscheiden. Mitunter lastet sie schwer. Sie bleibt wenigen vorbehalten, und sie muss gesondert entlöhnt werden. Es ist also alles anders als bei Eigenverantwortung, die eher als ein arbeitsethischer Imperativ verstanden wird.

Unscharf ist der Begriff der Verantwortung auch deswegen, weil er sich mit Rechenschaftspflicht, Entscheidungskompetenz, juristischer Haftung, formaler Zuständigkeit, leistungsmäßiger Zurechenbarkeit, moralischer Schuldzuweisung und sogar hierarchischem Status überschneidet. Die Aufzählung ist vermutlich nicht vollständig. Trotz dieser begrifflichen Unschärfe haben wir im Normalfall ein gutes Gefühl dafür, wann der Begriff der Verantwortung angemessen ist. Insbesondere dann, wenn wir ihn in Form einer moralischen Erwartung an jemand anderes verwenden. Oder dann, wenn wir das Gefühl haben, jemand sei genau dieser Erwartung nicht gerecht geworden. Oder wenn wir in den Medien von Politikern oder Wirtschaftsführern lesen, die eine große Sache in den Sand gesetzt haben und mit ernstem Gesichtsausdruck verkünden, sie übernähmen dafür die Verantwortung – was dann aber allzu oft in gar nichts seinen Ausdruck findet oder höchstens in einem vergoldeten Abgang.

Wo der Sprachgebrauch sensibel Unterscheidungen trifft wie die eben geschilderte zwischen Eigenverantwortung («unten») und Verantwortung («oben»), können wir getrost mit Goethes Torquato Tasso klagen: «So fühlt man Absicht, und man ist verstimmt». Mein Freund Theo Wehner, Arbeitspsychologe und emeritierter Professor von der ETH Zürich, hat mich darauf aufmerksam gemacht, nachdem er auch in vielen meiner Schriften den nicht weiter reflektierten Gebrauch des Wortes «Eigenverantwortung» bemerkt hatte. Seither beschäftigt mich seine Präzisierung, und sie ist der Grund, warum dieses Buch mit «Verantwortung» betitelt ist – und nicht mit «Eigenverantwortung».

Ohne es durch belastbare Daten belegen zu können: Mir scheint, von Eigenverantwortung ist ausschließlich bei den Mitarbeiterinnen und Mitarbeitern ohne Führungsverantwortung (!) die Rede. Außerhalb der Unternehmenswelt verwendet man den Ausdruck analog meist nur für die Bürgerinnen und Bürger, bei denen das Attribut «gewöhnliche» mitgedacht ist. Von Verantwortung spricht man dort bei den Politikern und Amtsträgern, in den Unternehmen nur beim Top-Management. Gemäß meinen (wohl nicht repräsentativen) Beobachtungen wird dagegen bei den Führungskräften im mittleren Kader weder von Eigenverantwortung noch von Verantwortung gesprochen. Hier spricht man von «verantwortlich», und man meint damit die Benennung des Kopfs, der rollt, wenn die Sache schief geht. Ohne goldenen Fallschirm, freilich. In der Politik wird «verantwortlich» auf den mittleren Ebenen weniger im Sinne von «schuldig» als von «zuständig» verwendet. Der Begriff zielt dann meist auf Gremien, Stellen und Funktionen.

Deklinieren wir die Sprachusanzen noch etwas weiter durch. Niemand würde von der Eigenverantwortung unseres CO_2-Ausstoßes für den Klimawandel sprechen. Niemand würde nach einer hierarchischen Beförderung davon sprechen, dass er oder sie nun die Eigenverantwortung für 280 Leute übernommen habe. Oder für einen Umsatz von 5 Millionen Euro. Niemand schließt, wenn er von der Eigenverantwortung eines Mitarbeiters spricht, damit ein, dass seine Chefin damit von der Verantwortung für dessen Tun und Lassen entbunden sei. Niemand sagt, dass er als CEO die Eigenverantwortung für das Unternehmen habe. (Interessanterweise ist in diesem Fall häufig aber auch nicht von Verantwortung die Rede, sondern von Gesamtverantwortung. Verantwortung scheint ein steigerungsfähiger Ausdruck zu sein.)

Bei der Eigenverantwortung gibt es keinen gebräuchlichen Komplementärbegriff «Fremdverantwortung». In der Organisationslehre bezeichnet diese Formulierung lediglich die Situation, wo eine Führungskraft für Fehler ihrer Unterstellten verantwortlich gemacht wird. Fremdverantwortung ist damit nicht die Alternative zu Eigenverantwortung (wie beispielsweise bei Eigen- vs. Fremdkapital in seiner Firma). Es ist eher eine Haftungsadresse. Obwohl jemand anders für eine Tat und den dabei gemachten Fehler in der Verantwortung gestanden wäre. Solche Komplizierungen machen deutlich, dass Verantwortung etwas durchaus *Ambivalentes* ist. Salopp ausgedrückt: Verantwortung zu tragen, sich verantwortlich zu fühlen, zur Verantwortung gezogen werden ist nicht in allen Fällen die reine Freude. Entsprechend ist nicht jede/r bereit dazu. Und das führt das Management in naher Zukunft in diverse Probleme.

Während einem Verantwortung *übertragen* wird (und/oder man sie übernimmt), wird einem Eigenverantwortung *abverlangt*. Wenn also jemandem Verantwortung übertragen wird, sagt der höchstens, er müsse freilich auch die entsprechenden Entscheidungsbefugnisse und ausreichende Ressourcen haben. Wenn jemandem aber Eigenverantwortung abverlangt wird, fragt der allenfalls: Und wo bleibt die Verantwortung meines Chefs? Oder die des Unternehmens? Oder die des Staates?

Ich habe ein Projekt namens «Freibriefe» gemacht, das die Eigenverantwortung der Geführten zum Thema hatte. Alle Mitarbeiterinnen und Mitarbeiter sowie alle Führungskräfte – die ja *auch* Geführte sind – erhielten insgesamt 66 Mal wöchentlich von mir einen Brief zu allen möglichen Themen, die sich aus der Rolle von Geführten in Sachen Führung ergeben. Führung ist ja eine Beziehungsfrage. Interessant war nun, wie oft ich auf diese Briefe geradezu empörte Reaktionen bekam, meist daherrührend, dass ich die besondere Verantwortung der Führungskräfte unterschlagen würde. Ich wurde gelegentlich gar einer rechtsbürgerlichen, neo-liberalen Gesinnung geziehen und als gehorsamer Überbringer der Meinung der obersten Führungsetage gesehen (die diese Briefe freilich niemals vorgängig gesehen hatte, sondern mir eben – daher der Titel des Projekts – den Freibrief erteilt hatte, mich direkt an alle im Unternehmen zu wenden). Man muss dazu sagen, dass ich im Kleingedruckten zu jedem Freibrief darauf hingewiesen hatte, dass Führung eine Frage der Beziehungsgestaltung sei, dass ich in anderem Kontext 99 Führungsbriefe publiziert hätte, die genau die besondere Verantwortung der Führungskräfte thematisierten, dass es aber diesmal und für einmal ausschließlich um die Eigenverantwortung der Geführten ginge.

Passend zu dieser Empörung machte ich auch die Erfahrung, dass die ebenfalls adressierten und genau gleich angesprochenen Führungskräfte sich geistig ins cc setzten – sich also eigentlich nicht ebenfalls gemeint fühlten.

Auch wenn dies keine Belege, sondern anekdotische Indizien sind – es wird deutlich, dass Eigenverantwortung ganz offensichtlich nicht Verantwortung meint. Weder von denen, die sie den «gewöhnlichen» Mitarbeiterinnen und Mitarbeiter abverlangen, noch von diesen selbst.

Wie «Eigenverantwortung» missbraucht wird

Wenn ich in meiner Beratungspraxis in Meetings mit Führungskräften oder in Coachings auf den Begriff der Eigenverantwortung stoße, dann ist damit entweder eine Forderung gemeint oder es wird ein Manko beklagt. Die Forderung hat aber eine andere Konnotation als etwa ein Arbeits- oder Projektauftrag oder eine Anweisung (Befehle sind ja aus dem Sprachgebrauch verdampft). Was als Eigenverantwortung eingefordert wird, ist von der Art, dass es eigentlich skandalös ist, es überhaupt einfordern zu müssen. Es wird nämlich als selbstverständlich vorausgesetzt. Zur Eigenverantwortung gehören Erwartungen von oben, die man bitte schön doch nicht auch noch explizit aussprechen muss. Entsprechend setzte sich auch jeder Mitarbeiter ins Unrecht, wenn er darauf hinwiese, dass man etwas Konkretes niemals als seine Eigenverantwortung deklariert habe. Daher meint das Beklagen des Mangels an Eigenverantwortung nicht etwa Ungehorsam gegen eine klare Anweisung. Beklagt wird vielmehr, dass jemand die eigene Rolle nicht wirklich kapiert habe. Ob es sich dabei um fachlichen Unverstand handelt oder um eine persönliche Unreife, wird offengelassen. Doch jedenfalls wird nur mit Bezug auf Eigenverantwortung davon gesprochen, dass jemand nicht fähig oder nicht reif genug sei, sie wahrzunehmen. Bei der Verantwortung der oberen Etagen hingegen gilt die alte Volksweisheit: «Wem Gott ein Amt gibt, dem gibt er auch Verstand». Bis zum Beweis des Gegenteils – falls dort oben jemand doch Mist baut und dafür dann aber keinerlei Verantwortung bei sich selbst zu erkennen vermag.

Eigenverantwortung ist heute gleichzeitig hoch im Kurs des Zeitgeistes und hat dennoch einen schlechten Beigeschmack. Je nachdem, ob die Eigenverantwortung jemandem anderen abgefordert wird oder ob man selbst der Adressat dieser Forderung ist. Das hängt nicht zuletzt damit zusammen, dass der Begriff in Deutschland mit der Arbeitsmarktreform «Agenda 2010»* von Bundeskanzler Gerhard Schröder zu

---

*   Die Agenda 2010 (sprich: Agenda zwanzig-zehn) ist ein Konzept zur Reform des deutschen Sozialsystems und Arbeitsmarktes, das von 2003 bis 2005 von der aus SPD und Bündnis 90/

Beginn des neuen Jahrtausends in Mode kam. Von Anfang an hatte das Attribut «Eigen» die Bedeutung: Warte nicht auf die Verantwortung von jemandem anderen, insbesondere nicht auf die vom Staat – der hat nämlich keine Mittel. Sorge also für dich selbst. Dein Wohlergehen ist Sache deiner *eigenen* Verantwortung.

Es war also eine linke Regierung, die das vielleicht arbeitgeber-freundlichste Reformprogramm aller Zeiten aufgesetzt hatte. Über den volkswirtschaftlichen Erfolg der «Agenda 2010» streiten sich die Experten. Nicht zu bezweifeln ist aber, dass seither die naive Erwartung, ein Sozialstaat müsse doch wohl für seine Bürgerinnen und Bürger sorgen, im Kern erschüttert wurde. Mit dem Begriff der «Ich-AG» wurde auf den Punkt gebracht, dass künftig gefälligst jeder selbst seines Glückes Schmied zu sein habe. «Hartz IV» steht für die Perversion von allem, was an Eigenverantwortung zuvor vielleicht noch attraktiv gewesen war – ja, dem Einzelnen sogar Stolz vermitteln konnte. Kein Wunder, zeiht man mich (zum Glück nur vereinzelt) einer neoliberalen Gesinnung, wenn ich wie im erwähnten Projekt «Freibriefe» an die Eigenver-antwortung der Mitarbeiter appelliere – auch wenn dies meiner anar-chistischen Seele natürlich weh tut…

Ganz offenkundig ist der Begriff der Eigenverantwortung historisch also mit einer Erbsünde belastet, aber eben nicht nur der Begriff, son-dern auch das Konzept: Es ist ja tatsächlich ein gewaltiger Unterschied, ob ich mir selbst Verantwortung – für was auch immer – zuschrei-be oder ob jemand anderes *seine* Verantwortung auf mich abschiebt. Insbesondere wenn ich damit für meine eigene Misere verantwortlich gemacht werde. Vom Missbrauch einer Sache sollte man aber nicht auf

20

Die Grünen gebildeten Bundesregierung (Kabinett Schröder II) weitgehend umgesetzt wurde. Die Agenda 2010 wurde in der Regierungserklärung von Bundeskanzler Gerhard Schröder am 14. März 2003 verkündet. Die Agenda 2010 setzt insbesondere arbeitgeberfreundliche angebotspolitische Ideen um: Da der Staat in einer Marktwirtschaft gewerbliche Arbeitsplätze nicht per Anweisung schaffen könne und auch nicht durch öffentliche Investitionen beste-hende Arbeitsplätze sichern oder neue schaffen solle, werden indirekte angebotsökonomische Einzelmaßnahmen in der Erwartung ergriffen, dass damit Anreize zu verstärkten privaten Investitionen geschaffen werden, woraus neue Arbeitsplätze entstünden. [Wikipedia] ihren Wert schließen. Was immer Politiker oder auch manche Manager an Üblem im Schilde führen mögen, wenn sie von Eigenverantwortung reden, ändert nichts daran, dass es wichtig und richtig ist, sein Leben selbst verantworten zu können. Denn wenigstens in seinem eigenen Leben sollte man doch die Hauptrolle spielen.

Es ist also nicht primär der Schröder-Nachhall in der gebräuchlichen Verwendung des Begriffs der Eigenverantwortung, der ihn diskreditiert. Es ist die oben besprochene Trennung zwischen Eigenverantwortung und Verantwortung, die mit der «Agenda 2010» ihren Anfang oder zumindest ihre Verbreitung nahm. Aufschlussreich dabei ist, dass die Betonung des eigenen Anteils in *Eigen*verantwortung ja daher rührt, dass irgendjemand denkt, jemand würde etwas zu Unrecht als gerade nicht in der eigenen Verantwortung liegend betrachten. Hier liegt der Janus-Charakter des Begriffs Verantwortung. Janus war ja der römische Gott mit dem Doppelgesicht, der – im Fall des nach ihm benannten Monats – sowohl auf das alte Jahr zurückschaut wie auch auf das kommende blickt. Der Janus-Charakter der Verantwortung besteht darin, dass es stets jemanden gibt, der sich (für was auch immer) für verantwortlich hält oder eben nicht. *Und* es gibt ein Umfeld, das ihn in dieser Sache für verantwortlich hält oder eben nicht. Dummerweise decken sich diese zwei Sichtweisen längst nicht in jedem Fall.

Der Janus-Charakter der Verantwortung

Den *Janus-Charakter der Verantwortung* werden wir niemals los. Er wird uns auch bei allen Betrachtungen in diesem Buch begleiten. Es gibt ausnahmslos einen subjektiven und einen objektiven Teil.

Der *subjektive* Teil der Verantwortung ergibt sich aus einer sachlichen Analyse der Situation, der Zuständigkeit der Betroffenen und ihrer Freiräume respektive Einflussmöglichkeiten. Es muss ganz einfach einigermaßen realistisch sein, dass ich für irgendetwas überhaupt verantwortlich sein könnte. Ich halte mich kaum für den Dreißigjährigen Krieg für verantwortlich, da ich damals noch nicht gelebt habe. Beim Klimawandel ist es anders, denn meine Analyse zeigt (wenn ich mich nicht den Tatsachen verschließe), dass ich etwa als Flugzeugbenutzer durchaus mit zum klimaschädlichen Ausstoß von CO_2 beitrage. Quantitativ betrachtet ist – im Weltmaßstab – mein singulärer Beitrag dazu aber dermaßen klein, dass er sich kaum von meinem Beitrag zum Dreißigjährigen Krieg, den wir getrost mit Null veranschlagen dürfen, unterscheidet. Maßgeblich für den subjektiven Teil der Verantwortung ist also nicht nur die besagte sachliche Analyse, sondern vor allem ein *Gefühl*. Entscheidend ist, ob man sich für etwas verantwortlich *fühlt* oder nicht. In dieser Hinsicht muss man Marx für einmal vom Kopf auf die Füße stellen: Hier ist es (anders als sonst) gerade nicht das Sein, das das Bewusstsein bestimmt. Sondern umgekehrt. Indem ich mich für etwas verantwortlich fühle, werde ich mein Tun und Lassen davon beeinflussen lassen. (Ich gehe an dieser Stelle noch nicht darauf ein, dass wir alle natürlich auch ungeheuer widersprüchlich sein können, also manches absolut wider besseres Wissen tun.) Es ist daher sehr wohl möglich, dass ich mich für den Klimawandel (mit-) verantwortlich fühle. Zumindest in dem Sinne, dass ich einsehen kann, dass ich mit meinem (Flug-) Verhalten Schädliches dazu beitrage, auch wenn dies quantitativ marginal sein mag.

Gefühle können natürlich auch trügen. Manch einer fühlt sich für Dinge verantwortlich, für die er tatsächlich keine Verantwortung trägt. Zumindest meines Erachtens oder aus der Sicht von Experten. Ehetherapeuten können ein Lied davon singen, wie schwierig es sein kann, jemandem begreiflich zu machen, dass er nicht für das Lebensglück seines Ehepartners verantwortlich ist. Obwohl er für das verantwortlich ist, was er *selbst* tut oder lässt – was natürlich durchaus zum Lebensglück des Partners beitragen kann oder eben nicht. Oder Psychoanalytiker haben oft Mühe, einem Erwachsenen klarzumachen, dass er als Kind nicht für die Scheidung seiner Eltern verantwortlich gewesen war (obwohl die sich vielleicht in der Tat nicht hätten scheiden lassen, wenn sie kein Kind gehabt hätten).

Für den *objektiven* Teil der Verantwortung – der, wie gesagt, fest zum Janus-Charakter der Verantwortung gehört – gilt nicht etwa, dass er objektiv «wahr» wäre. Er ist nur unabhängig davon, ob er subjektiv *auch* so gesehen respektive gefühlt wird. Das heißt, er ist lediglich eine Zuschreibung von außen. Sei sie ausgesprochen oder nur implizit mitgedacht. Die Zuschreibung kann von irgendwem kommen. Damit ist klar, dass es durchaus auch mal voneinander abweichende, ja komplett widersprüchliche derartige Zuschreibungen geben kann. Was meine Chefin für meine Verantwortung hält, muss nicht deckungsgleich sein mit dem, was meine Kollegen dafür halten. Und meine Töchter können die Sache grad nochmals ganz anders sehen. Daran, dass «objektiv» hier also nur «nicht subjektiv» meint, ändert freilich auch nichts, wenn im Einzelfall die Meinungen fast aller Dritter identisch sind – was ja gelegentlich vorkommen soll.

Das bedeutet, dass es wiederum eine *subjektive* Sache ist, auf welche der von außen kommenden Verantwortungszuschreibungen jemand überhaupt reagiert. Allerdings können wir damit den Janus-Charakter von Verantwortung nicht einfach – schwupp! – ins Nichts wegzaubern und sagen, alles sei eben letztlich nur subjektiv. Denn insbesondere in der Arbeitswelt mit ihren herkömmlichen hierarchischen Machtgefällen ist man oft davon abhängig, dass und wie man auf Verantwortungszuschreibungen von außen (meist: oben) reagiert. Wofür mich meine Chefin auch für verantwortlich hält – es kann nicht meinem ganz persönlichen Geschmack vorbehalten bleiben, ob ich mich damit auseinandersetze. Wo die Sache ausdrücklich zur Sprache kommt, kann man wenigstens verhandeln. Wo sie nur implizit verbleibt, wird es schwierig.

Das kennen wir schon aus der Kinderstube: Natürlich können Eltern erwarten, dass Kinder ihr Zimmer aufräumen, wenn man sie dazu auffordert. Oft aber erwarten sie eigentlich, dass die Kinder selbst schon das Bedürfnis danach hätten. Und das geht leider nicht. Entsprechend haben viele Vorgesetzte an Mitarbeiterinnen und Mitarbeiter irgendeine Erwartung, wie die ihre Verantwortung sehen müssten – und reagieren entsprechend enttäuscht, wenn die das nicht von sich aus tun. Hier betreten wir vermintes Gelände, denn solange wir uns in hierarchischen

Gefällen bewegen, ist es Sache der Vorgesetzten, ihre Erwartungen *explizit* zu äußern. Auch in Sachen Verantwortung.

Im Aushandlungsspiel «Was ist meine Verantwortung? Was deine?» sind Vorgesetzte nun mal in der Bringschuld. In nicht-hierarchischen Organisationen – dies hier nur als kleiner Vorgriff – ist genau das anders: Da ist dieses Aushandlungsspiel gleichberechtigt zwischen allen beteiligten Rollen verteilt, und Führung ist dabei nur gerade *eine* der Rollen.

Ich würde so weit gehen zu behaupten, dass der Begriff der Eigenverantwortung (nicht die Sache!) die terminologische Allzweckwaffe ist, die man einsetzt, wenn man ein schlecht oder gar nicht geführtes Aushandlungsspiel «Was ist meine Verantwortung? Was deine?» hinter sich hat. Abgefeuert wird die Waffe nur auf andere. Niemand beklagt den Mangel *seiner* Eigenverantwortung. Und diese Waffe passt bestens zu der eingangs beschriebenen zeitgeistigen Führung, die *nie müssen, aber immer dürfen* will. Und die diskreditiert sich damit selbst.

Machen Sie bitte einmal den Lackmustest. In einem Einstellungsgespräch dürfte kaum je das Wort Eigenverantwortung verwendet werden. Vielleicht wird die Rede davon sein, was konkret in die Verantwortung des Stellensuchenden gehöre. Oder der fragt selbst danach, fordert es vielleicht sogar ein. Später dann, in einem der ritualisierten und von der Human-Resources-Abteilung abverlangten Jahresendgespräche kann hingegen durchaus von Eigenverantwortung die Rede sein. Dann vermutlich aber unter der Fahne der Enttäuschung. Wenn der Chef moniert: «Ich hätte schon erwartet, dass Sie... Denn das gehört doch schließlich in Ihre Eigenverantwortung!»

Oder: Kaum ein Geführter (der ja selbst auch Führungskraft sein kann), wird am Esstisch beim Abendessen zu seiner Frau sagen, etwas – was er zum Beispiel nicht selbst entscheiden durfte – wäre doch nun wirklich Teil seiner Eigenverantwortung. Er wird es für seine Verantwortung, also seinen Entscheidungsspielraum, reklamieren.

Damit zeigt sich die bemerkenswerte Nähe von Eigenverantwortung zu vorauseilendem Gehorsam: Es ist beispielsweise nicht Teil meiner

Verantwortung, Steuern zu bezahlen. Es ist meine Pflicht. Wäre es meine Verantwortung, käme es mich vermutlich deutlich günstiger zu stehen … Entsprechend kann es im betrieblichen Kontext nicht darum gehen, unter dem Deckmantel der zugeschriebenen Eigenverantwortung zu erwarten, jemand würde exakt das tun, was der Eigenverantwortungszuschreiber (meist ja ein Vorgesetzter) an seiner Stelle täte oder getan hätte. Ist er tatsächlich verantwortlich, dann wird er das tun, womit er seinem *Gefühl* für seine persönliche Verantwortung entspricht. Mit einer Pflicht ist das anders. Da tut man, wozu man verpflichtet ist. Oder aber man ist bewusst ungehorsam (mit der damit eingehandelten Verantwortung, mögliche Konsequenzen der eigenen Insubordination zu tragen).

Verantwortung bedingt Entscheidungsspielraum

Gewiss gibt es unterschiedliche Charaktere, was den Umgang mit Verantwortung angeht. Es wäre auch zu verwunderlich, wenn alle Menschen in gleicher Weise bereit wären, Verantwortung zu übernehmen. Sei es, dass man sie ihnen von außen (oder oben) überträgt. Sei es, dass sie sie sich selbst nehmen. Das bloße Faktum einer solchen Streuung ist trivial. Weniger trivial ist, welche Faktoren die Bereitschaft und die Fähigkeit, Verantwortung zu übernehmen, fördern oder behindern. Wir werden dies erst später näher beleuchten. Hier sei lediglich eine Teilantwort auf diese Frage herausgegriffen: Es dürfte einleuchtend sein, dass die Bereitschaft zu Verantwortung nicht gestärkt wird, wenn spürbar wird, dass nicht echte Verantwortung erwartet wird, sondern vorauseilender Gehorsam.

Es ist mit der Verantwortung ähnlich wie mit Entscheiden. Entscheiden lassen sich nur die «prinzipiell unentscheidbaren Fragen» – das hat der große Heinz von Foerster klargestellt. Was zwei plus zwei gibt, ist nicht zu entscheiden, sondern auszurechnen. Entscheide sind dergestalt, dass man sie gewiss auch anders hätte treffen können. Es gibt kein klares Richtig oder Falsch, man kann höchstens nachträglich den Grad der Zweckmäßigkeit eines Entscheids einschätzen. Dass es sich als zweckmäßig herausgestellt hat, auf Rot zu setzen, wenn nachher tatsächlich Rot kam, macht den Entscheid nicht richtig. Nur (finanziell und erst nachträglich gesehen) zweckmäßig.

Analog zeigt sich das Bild bei der Verantwortung. Sie zu übernehmen resultiert nicht in jedem Fall in das gleiche Verhalten. Der Spielraum ist potenziell sehr groß, wenn ich für eine Aufgabe die Verantwortung übernehme. Vorausgesetzt, die Aufgabe ist nicht vollständig trivial, also so formuliert, dass ihre Umsetzung schon weitgehend vorgegeben ist. Die «Aufgabe» etwa, ein A4-Blatt längsseitig in der Mitte zu falten, erlaubt gerade mal zwei mögliche Ergebnisse. Doch selbst da ist nichts über den Weg bis zu dieser Faltung ausgesagt (Mit den Händen? Mit den Füßen? Mit einem Falzbein?) – also selbst hier bleiben der Verantwortung Spielräume.

Nun ist es ja aber nicht gerade selten, dass Vorgesetzte einem Mitarbeiter die Aufgabe und die entsprechende Verantwortung übertragen, aber gleich schon mitdenken, wie sie selbst diese Verantwortung wahrnehmen würden. Macht es der Mitarbeiter anders und rügt ihn der Vorgesetzte hernach, so leistet er einen zielgerichteten Beitrag zur Senkung der Bereitschaft des Mitarbeiters, künftig noch einmal Verantwortung zu übernehmen. Verantwortung delegieren heißt, *Entscheidungsspielraum* aus der Hand geben. Verantwortung übernehmen heißt entsprechend, die Frage beantworten können, wie man den Entscheidungsspielraum genutzt hat. Und warum.

Dass diese Antworten nicht für jeden in gleicher Weise überzeugend ausfallen dürften, macht schon fast den Kern des Verantwortungsproblems überhaupt aus.

Fazit

In «Hierarchie – Das Ende eines Erfolgsrezepts» habe ich bestimmte Probleme in Zeiten der Digitalisierung hergeleitet. Das war meine Argumentation in Kürze: Erstens, Hierarchie war bisher das Erfolgsrezept, um komplexe Organisationen zu bauen. Ihr Preis jedoch ist Trägheit. Mit der Digitalisierung kommen Herausforderungen auf die Unter-

und es für meine halten. Es steht auch jedem Bürger frei, primär sich für ökologische Nachhaltigkeit in die Verantwortung zu nehmen. Oder aber die Regierung. Oder auch beide. Auch eine Mitarbeiterin kann sich für was auch immer für verantwortlich halten, unabhängig davon wer über ihr in der Hierarchie (oder wer von ihren Kolleginnen und Kollegen) sich dafür bereits für verantwortlich hält. *Der subjektiven Sicht auf die Welt ist fast alles gestattet.*

Bloß im konkreten Tun oder Lassen kann es aufgrund divergenter subjektiver Sichtweisen dann eben doch zu handfesten Reibungen kommen. Insbesondere, wenn man sich über die unterschiedlichen Sichtweisen nicht klar ausgesprochen *und* geeinigt hat. Im beschriebenen Fall des Flugzeugcockpits geht das dann womöglich so aus wie bei jener Flugzeugbesatzung einer Boeing 747, die nach einem Flug mit viel dicker Luft und zunehmend unklareren Zuständigkeiten im Cockpit eine hitzige Aussprache hatte. Zu guter Letzt lenkte der Kapitän ein, fügte jedoch hinzu: «Aber eines müssen Sie zugeben: Das war die schlechteste Landung, die Sie je geflogen sind.» Darauf der Copilot: «Wieso ich? *Sie* sind doch geflogen!»

Was man an Aussprache und Klärung zwischen einem Captain und einem Copiloten in einem Cockpit ja noch wird erwarten können, wird im Fall eines Unternehmens oder Konzerns doch sehr viel komplexer. Formell versucht man dem Thema auf verschiedenste Weisen beizukommen. Beispielsweise mittels möglichst detaillierter Regelung von AKV – Aufgabe/Kompetenz/Verantwortung. Oder mit akribischen Regelungen für eine *Corporate Governance*. Oder durch den grenzenlosen Ausbau der *Compliance*-Abteilungen, die für den rechtmäßigen Gang der Dinge im Unternehmen zu sorgen und rechtlich faule Sachen zu verhindern haben. Und wie stets, wenn etwas nicht befriedigt und deshalb die Anstrengungen – nach dem Motto: *more of the same* – verdoppelt werden, drängt sich irgendwann der Verdacht auf, dass etwas grundlegend faul ist. Was nämlich faul ist, ist der oft verzweifelte Versuch, dem Intersubjektiven primär mittels formaler Vorschriften beizukommen. Unverkennbar stärker als alle Formalien ist nämlich die Kultur.

It's the culture, stupid!

Während im Wahlkampf von Bill Clinton sicherlich zu Recht die Einsicht propagiert wurde «It's the economy, stupid!», gilt *innerhalb* der Ökonomie – sprich der Unternehmen – das Primat der Kultur. (Unternehmens-) Kultur ist *die Summe aller Selbstverständlichkeiten.* Es ist das, worüber man gar nicht erst reden muss, weil es nämlich jedem völlig klar ist. Kultur sind nicht die von einer Unternehmensleitung auf Hochglanz beschworenen Werte, die den nächsten CEO-Wechsel ja ohnehin nicht überstehen. Kultur ist das, was faktisch gelebt und von jedem in jeder Situation als eben selbstverständlich vorausgesetzt werden kann.

Der Schweizer Politik ist dies schon längst bewusst. Hier kann man oft erst dann ein Gesetz erlassen, wenn es kulturell bereits weitgehend getragen ist. Erst wenn 70 % der Autofahrer Gurten tragen, lässt sich die Vorschrift dazu gesetzlich regeln. Unternehmen dagegen glauben vielfach noch daran, es ließe sich via UKAS – einem quasi regierungsamtlichen Dekret – etwas in die Köpfe pflanzen und zur Selbstverständlichkeit werden zu lassen. Selbstredend kann man Fakten schaffen auf diesem Weg. Wenn allen der Lohn um 5 % gekürzt wird, dann ist das nachher so. Aber bei Dingen wie Verantwortung, bei der es stets auch eine subjektive Seite gibt, geht das eben nicht so ohne weiteres. In die Geldbeutel kann man direkt einwirken. In die Köpfe nicht.

Wenn man hingegen das Intersubjektive prägen oder gar beherrschen kann, dann wirkt man direkt in die Köpfe hinein. Die Wichtigkeit des Intersubjektiven kann gar nicht überschätzt werden. Es ist das, was den Menschen zum Menschen macht. Fertigkeiten, Intelligenz, Kommunikation und Kooperation – all dies haben auch Tiere. Aber nur der Mensch konnte – mit Sprache und später mit der Schrift – das Intersubjektive so weit entwickeln, dass es ebenso wirksam wird wie gegenständlich Objektives.

An dieser Stelle nur so viel: Geld, Nationen, Unternehmen sind nur durch eine intersubjektive Übereinkunft real. Geld ist bloß praktisch wertloses Papier – es sei denn, die intersubjektive Übereinkunft glaubt, behauptet und praktiziert etwas anderes: Dann wird Geld zu einem handelbaren Wert. Nationen scheinen groß und mächtig – sobald aber die intersubjektive Übereinkunft, was sie seien, aufgekündigt wird, fallen sie in nichts zusammen. So beispielsweise, als am 8. Dezember 1991 die Staatsoberhäupter Russlands, der Ukraine und Weißrusslands mit ihrer Unterschrift auf einem Stück Papier die UdSSR als Völkerrechtssubjekt und geopolitische Realität aus der realen Welt wegzaubern konnten. Und selbstverständlich hat nicht Apple das iPhone gemacht. Sondern Ingenieure. Dass Apple ein handelndes Subjekt sein soll, ist nur eine intersubjektive Übereinkunft rechtlicher und ökonomischer Art. Eine kollektive Personifizierung, die sich in nichts von dem unterscheidet, was beispielsweise die Sumerer über ihre Götter dachten.

Kurzum: *Die härtesten Realitäten entstehen durch intersubjektive Übereinkunft.* Und durch deren Mangel können sie auch wieder weggefegt werden. Im Kleinen einer betrieblichen Realität findet sich der analoge Mechanismus in der Unternehmenskultur wieder. Im Größeren einer Gesellschaft in deren dominierenden Ideologie (hier können wir schlecht von Kultur sprechen, da dieser Begriff im gesellschaftlichen Kontext eher für Kunst reserviert ist).

Damit kehren wir zurück zur Verantwortung: Ob ich subjektiv Verantwortung für etwas übernehme, ist niemals unbeeinflusst von dem, was sich mir von der objektiven Seite entgegenwirft. Und von der unter Janus 2.0 genannten Zweiteilung des Objektiven in Gegenständliches und Intersubjektives ist zwar das Gegenständliche zwingender als das Intersubjektive – aber seltener das Thema. Denn Situationen wie die eingangs geschilderte Segler-Haifisch-Szene sind in der betrieblichen Realität nicht unbedingt die Norm (obwohl es sich für manche schon wie ein Haifischbecken anfühlen kann...). Das Intersubjektive dagegen ist prägend. Und da richtet der Zeitgeist zurzeit einiges Unheil an.

Der Double-bind der Verantwortung

Wie im ersten Kapitel ausgeführt, lautet die zeitgeistige Generalbotschaft an alle: Du bist selbst verantwortlich – für dein Glück, deinen

Erfolg, dein ganzes Tun und Lassen. Gleichzeitig aber wird Verantwortung (in Unternehmen) primär der obersten Führung zugeschrieben, vor allem, um deren manchmal exorbitante Bezüge legitimieren zu können. Gesungen wird das Lied aber auch dort, wo diese Bezüge fair und nicht übertrieben sind.

Aus der Optik der subjektiven Wahrnehmung stellt sich damit die Frage: Ja, bin nun ich verantwortlich, oder sind es die da oben? Verschärft wird die Verwirrung dadurch, dass man in der betrieblichen Organisation so viele maschinelle Sachzwänge geschaffen hat, dass der Entscheidungsspielraum bei vielen (Sachbearbeitungs-) Tätigkeiten weitgehend oder sogar komplett eingeschränkt ist. Verantwortung aber bedingt, wie gesagt, Entscheidungsspielraum.

Die Mitarbeiterin oder der Mitarbeiter sind also in einer Situation, wo sie eingezwängt sind zwischen prozessualen Vorgaben und einer Kultur, die besagt, die Verantwortung liege ganz zuoberst – sei aber nichtsdestotrotz Sache jedes Einzelnen. In der Psychologie nennt man so etwas *Double-bind* – und Double-bind (vor allem in der Kindheit) wird mitverantwortlich (!) gemacht für schwere psychische Störungen. Gründlichere Darstellungen und Beispiele zum Problem des Double-bind finden sich in den Schriften von Paul Watzlawick.

Eine grob vereinfachende Illustration dazu lautet: Die Mutter schenkt dem Kind zwei Hemden. Anderntags zieht das Kind das eine Hemd an, und die Mutter sagt traurig-vorwurfsvoll: «Und das andere, das gefällt dir wohl nicht?» Was das Kind also auch tut – es ist falsch.

Auf unseren Kontext übertragen: Man sagt mir, salopp formuliert, ich solle mir auf jeden Fall vom Kuchen der Verantwortung nehmen, aber man sagt gleichzeitig, der Kuchen gehöre einem anderen – und vieles vom Kuchen hat die Maschine, in die ich eingezwängt bin, ohnehin schon geschluckt.

Damit soll nun nicht gesagt sein, der Einzelne habe gar keine Wahl und er sei somit von seiner Verantwortungsverantwortung freizusprechen. Denn letztlich ist Verantwortung ja eine *Selbstverpflichtung* und damit auf der subjektiven Seite unseres Janus-Gesichts anzusiedeln.

Allerdings erfolgt diese Selbstverpflichtung nicht isoliert von allen anderen, sondern fast ausnahmslos in sozialen Beziehungen und Kooperationen.

Was also ist Verantwortung?

Ich würde *Verantwortung als das Erkennen des eigenen Anteils in einer Kooperation und die Selbstverpflichtung dazu – unter der Bedingung flexibler Optionen –* definieren. «Definition» ist aber nicht umfassend zu verstehen. Ich beschreibe damit nur gewisse Aspekte. Wer etwa sagt, der Mensch sei ein Säugetier, definiert damit auch etwas am Menschen – aber sicherlich nicht dessen ganzes Wesen. In diesem Buch werden wir nur derartigen *partiellen* Aspektdefinitionen und nicht einer abschließenden Bestimmung, was Verantwortung sei, begegnen.

Sezieren wir die Bestandteile der obigen Definition: Verantwortung ist in *kooperativen Zusammenhängen* zu sehen. Kooperationsbeziehungen sind manchmal enger, etwa in einer Teamarbeit oder in hierarchischen Strukturen. Manchmal lockerer, etwa wenn es lediglich um einen additiven Beitrag zu einem großen Ganzen geht. Kooperative Zusammenhänge sind auch da vorhanden, wo ich jede Zusammenarbeit verweigere – denn ich usurpiere dann die Verantwortung meines Tuns ausschließlich für mich und gestehe keinem anderen eine Beteiligung daran. Verknüpft mit diesen Kooperationsbeziehungen ist, dass ein intersubjektiver Teil der Verantwortungszuschreibung vorhanden ist: Es gibt also andere, die eine eigene Vorstellung davon haben, wem die Verantwortung für irgendetwas zukomme. Ob sie alle sich darüber einig sind, ist damit nicht gesagt. Und ebenso wenig ist gesagt, ob sie damit im Widerspruch zu meiner subjektiven Sicht stehen oder nicht.

In meiner subjektiven Wahrnehmung liegt es, ob und wofür ich Verantwortung bei mir selbst sehe. Die mögliche Selbstverpflichtung betrifft vielleicht das ganze Kooperationsgefüge, vielleicht aber auch nur meinen eigenen *Anteil* daran. Dass dies nicht einfach ist, weiß jeder, der schon an einem Ehestreit beteiligt war: Wofür trage *ich* die Verantwortung? Was etwa ist mein Anteil an einer Eskalation? *It takes two to tango* – es ist also nicht unwahrscheinlich, dass ich nicht allein für den ganzen Streit verantwortlich bin. Aber wie erkenne ich meinen Anteil? Und gilt dafür meine Selbstverpflichtung? Oder sehe ich meinen Anteil nur als Reaktion auf etwas, für das die Verantwortung bei meinem Ehepartner liegt?

Die entsprechende Sicht der Dinge prägt, was man zu seiner Selbstverpflichtung zu machen bereit ist. In der Psychologie spricht man vom *Interpunktionsproblem:* Dieses entsteht dann, wenn in einer Kooperations- oder Kommunikationsbeziehung der eine das Komma dort setzt, wo der andere den Punkt macht. Und umgekehrt. Ich mache etwas, weil du… Und der andere sagt: Ich habe das nur gemacht, weil du zuvor… Deshalb ist das Spiel «Wer hat angefangen?» ja so beliebt. Wenn sich nämlich diese Frage eindeutig beantworten ließe, wäre das Interpunktionsproblem aus der Welt. Im richtigen Leben lässt sich diese Frage nur sehr selten objektiv beantworten, denn so gut wie nie gibt es eine Stunde Null, in der alles angefangen hat. Alle betrieblichen Kommunikations- und Kooperationsbeziehungen haben eine Vorgeschichte, und die kann sogar prägend sein, wenn die aktuell Beteiligten damals gar nicht involviert waren. Sonst könnten nicht so viele Konflikte nach der politisch abstrusen Melodie «Amselfeld ist überall»* spielen.

Kehren wir zurück zu unserer Definition von Verantwortung: Darin wurde noch die *Bedingung flexibler Optionen* vorausgesetzt. Diese ist zwingend, weil sich die Frage der Verantwortung als das Erkennen des eigenen Anteils in einer Kooperation und die Selbstverpflichtung dazu nur dann sinnvoll stellen lässt, wenn die Beteiligten überhaupt Handlungsoptionen haben. Verantwortung setzt – ich wiederhole es – Entscheidungsspielraum voraus. Bildlich: Wenn ich vom Blitz getroffen werde, trage ich keine Verantwortung dafür. Freilich trage ich sehr

---

* Mit seiner berüchtigten nationalistischen Rede am 28. Juni 1989 anlässlich der Gedenkfeier zum 600. Jahrestag der Schlacht auf dem Amselfeld hat Slobodan Milosevic wesentlich zu den Jugoslawienkriegen der 1990er-Jahre beigetragen. Grob vereinfacht gesprochen konnte ein 600 Jahre zurückliegender, historisch ziemlich verworrener Konflikt dafür herhalten, dass sich Serbien und Bosnien nun als Todfeinde betrachteten. Die Schlacht auf dem Amselfeld fand am 15. Juni 1389 im heutigen Kosovo statt.

wohl die Verantwortung dafür, dass ich mich während eines Gewitters aufrecht in einem Feld bewegt habe, bei dem es sonst weit und breit keine Bäume oder andere vertikale Objekte gab, die der Blitz vielleicht besser vorgezogen hätte. Denn zumindest hätte ich mich flach auf den dreckigen Boden hinlegen können.

Für das Vorhandensein flexibler Optionen gilt aber wiederum das Wahrnehmungsproblem: Wenn ich die Optionen subjektiv nicht sehe, existieren sie für mich nicht. Mein Umfeld aber sieht sie vielleicht sehr wohl. In der Folge macht man mich womöglich für etwas verantwortlich, für das ich selbst keinerlei eigenen Anteil gesehen habe. Dies ist oft der Fall beim Gehorsam. Es gibt Menschen, die meinen, wenn sie tun, was man ihnen befohlen hat, aus jeder Verantwortung entlassen zu sein. Falsch, sagt dagegen Hannah Arendt: «Wir sind auch für unseren Gehorsam verantwortlich.»

Diskrepanzen in der Wahrnehmung dessen, bei wem welche Verantwortung zu sehen sei, sind also höchst wahrscheinlich. Das eröffnet den Beteiligten Fluchtchancen. Wer Verantwortung scheut, findet gewiss eine Lesart, die ihn entlastet. Und darin sehe ich das Hauptproblem im *Double-bind der Verantwortung*. Zu sagen, jeder sei für sich allein verantwortlich, *und* zu sagen, Verantwortung sei eben der Kern und die Berechtigung für die Bonusetage – das erleichtert es den Menschen, sich aus der Verantwortung zu stehlen. Unten wie oben.

Doch nicht alle Menschen verhalten sich diesem Double-bind gegenüber gleich.

Persönlichkeit und Verantwortung

Im Aushandlungsspiel der Verantwortungsübernahme (respektive -wegnahme!) agieren natürlich nicht alle Menschen gleich. Insbesondere in der Hinsicht, ob jemand *überhaupt* nach dem eigenen Anteil fragt, unterscheiden sich die Menschen. Ich bezweifle aber, dass dies eine Frage der Persönlichkeit ist – unterstellt, Persönlichkeit sei etwas, das dem lieben Gott, den Genen oder wem auch immer geschuldet ist und einen ein Leben lang prägt.

Eine generalisierte Tendenz, im Spiel der Verantwortungsübernahme nach dem eigenen Anteil zu fragen oder eben nicht, ist nach meinem Dafürhalten Resultat der individuellen Erfahrungsgeschichte, nicht Merkmal der Persönlichkeit. Je nachdem, ob man früh Verantwortung übertragen erhält oder nicht, wird man später zum Verantwortungssucher oder aber -meider. Es gibt da sehr schnell eine Drift, mit der sich – ursprünglich vielleicht zufällig gehäufte – Erfahrungen zunehmend verstärken. Wer mehr Verantwortung zugesprochen oder abverlangt erhält, wird eher Verantwortung suchen. Und umgekehrt. Es muss gar nicht *ein* auslösendes Erlebnis geben. Obwohl auch dies möglich ist. Bei einer Kundin von mir, Führungskraft an der Spitze, wurde im Rahmen eines sogenannten Narrativen Interviews deutlich, dass sie stark geprägt ist von einem Kindheitserlebnis. Sie war vier, als sie ein Brüderchen bekam. Die berufstätigen Eltern sagten ihr, sie sei nun für ihren Bruder verantwortlich. In ihrer biografischen Rückschau zeigte sich, dass sie dieses Gefühl – in erster Linie selbst (auch für andere) verantwortlich zu sein – nachhaltig begleitet. Bis heute – sogar in Bezug auf ihren längst erwachsenen «kleinen» Bruder.

Es gibt also sicherlich solche und solche: Verantwortungssucher und Verantwortungsmeider. Zumindest in einer individuell generalisierten Tendenz, die dann eben aussieht wie ein Persönlichkeitsmerkmal. Das aber ist sie nicht – und damit auch nicht unveränderlich. Wir werden dies in einem späteren Kapitel vertiefen. Ich habe es nur deshalb schon hier angetönt, um Ihnen einen allzu bequemen Ausweg aus den Argumenten dieses Kapitels zu versperren.

Sagen Sie – wenn Sie Führungskraft sind – nicht einfach: «Meine Leute wollen und können gar keine Verantwortung übernehmen». Fragen Sie sich vielmehr: «Was ist *mein* Anteil daran, dass meine Leute...? Was nehme ich ihnen an Verantwortung ab – die dann halt einfach schon weg ist?»

managementchefs mit der Tendenz, sich nicht mehr den eigenen Kopf zu zerbrechen, sondern den des Chefs. In einem großen Unternehmen habe ich beobachtet, dass der CEO das praktisch bei seinem ganzen Kader erreicht hat. Ich saß in Meetings, an denen dieser CEO nicht teilnahm. Und oft geschah es, dass im Gang der Diskussion plötzlich jemand sagte: «Das will er gewiss nicht.» Oder: «Das will er so und so.» Der Name des CEO war zu diesem Zeitpunkt nie gefallen, aber alle Anwesenden wussten auch ohne dies, wer gemeint war. Man muss sich, wie weiland in religiösen Texten, das Wörtchen ER in großen Lettern geschrieben vorstellen. Es galt als nicht zu übertrumpfende Karte, wenn man als Erster im richtigen Moment sagte: «Das will ER nicht.» Im Poker spräche man von *sudden death*. Jede Idee konnte so gekillt werden. Mit dieser Verschiebung des Kopfzerbrechens geht eine Verschiebung der Verantwortung einher: Plötzlich ist es nicht mehr meine Verantwortung, wie ich eine ganz bestimmte Aufgabe konkret anpacke. Sondern es ist meine Verantwortung, richtig zu erraten, wie das der CEO an meiner Stelle täte. Die eigentliche, auf die Sachfrage bezogene Verantwortung ist weg – vom CEO schon prophylaktisch und *in absentia* abgeräumt –, und so bleibt mir nur, eine eigene, neue Verantwortung zu erfinden, die ich übernehmen kann. Es ist unschwer abzuschätzen, dass damit ein gigantisches Reservoir an geistigem Potenzial in einem Unternehmen vernichtet respektive fehlgeleitet werden kann. Gut möglich, dass es Topmanager gibt, die diese Verschwendung in Kauf nehmen, wenn dafür alles nach *ihrem* Gusto läuft.

  «Die Verantwortung bleibt letztlich bei mir, auch wenn ich delegiert habe», sagen viele Vorgesetzte. Nun, viele Mitarbeiterinnen und Mitarbeiter lassen sich dies nicht zweimal sagen. Sie nehmen es einfach wörtlich. Dabei irren diese Vorgesetzten sogar juristisch. Denn eine (Fremd-) Verantwortung (genauer: Verantwortlichkeit) für Fehler der Untergebenen kommt rechtlich nur dann in Frage, wenn der Vorgesetzte seine Auswahl-, Unterweisungs- und Informationsaufgaben nicht oder nicht vollständig wahrgenommen hat. Sprich: Er hat dann eben *seine* Verantwortung nicht wahrgenommen. Nämlich die Verantwortung dafür, die Aufgabe dem Richtigen zu geben, dafür zu sorgen, dass der zu ihrer Erfüllung in der Lage ist und über alle erforderlichen Informationen verfügt. Streng genommen liegen hier also zwei sauber getrennte Verantwortungen vor. Nur dass der Vorgesetzte mit seiner Behauptung seine Untergebenen dazu verführt, diese zwei Verantwortungen zu vermischen. Die Untergebenen *meinen* in der Folge nur, ihre Verantwortung sei schon weg – und sie handeln entsprechend un-verantwortlich: sprich, ohne sich wirklich verantwortlich zu fühlen.

Janus 2.0

Im ersten Kapitel haben wir den Janus-Charakter der Verantwortung kennengelernt: Es gibt stets eine subjektive und eine objektive Seite. Beide sind potenziell nicht deckungsgleich. Was halte ich für meine Verantwortung? Das ist der subjektive Teil. Was halten andere für meine Verantwortung? Das ist der objektive Teil. Nicht, weil er unbedingt wahr oder zutreffend wäre, sondern weil er mir entgegengeworfen wird: «Subjekt» bedeutet im Lateinischen das Unterworfene, «Objekt» das Entgegengeworfene.

In den oben geschilderten Szenen besteht das Problem des Janus-Charakters nicht darin, dass die zwei Sichtweisen möglicherweise nicht deckungsgleich sind. Es besteht in der Dynamik der Verantwortungsübernahme respektive -zuschreibung zwischen zwei Akteuren. Die Szenen zeigen, wie jemand durch die Art seiner Verantwortungsübernahme beeinflusst, ob sich ein anderer eine Verantwortung selbst überhaupt noch zuschreiben kann. Oder ob er quasi nachgibt und sich sagt: Okay, wenn du sie nimmst, ist sie nicht mehr meine.

Die Chance für dieses Nachgeben ist bei einem Machtgefälle besonders hoch: Wenn also der erste, der Verantwortung sich selbst zuschreibt, mächtiger ist. In hierarchischen Gefilden wie den meisten Unternehmen gilt dies für Vorgesetzte. Wer also beklagt, dass seine Leute nicht bereit seien, Verantwortung zu übernehmen, muss sich fragen, was er selbst davon schon wegstibitzt hat. Und selbst wenn er redlicherweise sagen kann, dass er die Verantwortung nicht genommen hat, so bleibt doch weiterhin die Möglichkeit, dass er durch Verhalten oder Äußerungen Grund dazu gegeben hat, dass seine Unterstellten *meinen,* er hätte sie genommen.

Die führt uns nun zu einer Differenzierung des Janus-Charakters der Verantwortung. Wir sehen dabei weiterhin die subjektive und die objektive Seite. Die objektive Seite aber spalten wir nun in zwei unterschiedliche Sachverhalte: Das *Gegenständliche* und das *Intersubjektive.* Aus der Optik des Subjekt sind diese beide «objektiv», nämlich ihm entgegengeworfen, und wir können deshalb beim Bild von Janus bleiben. Er schielt einfach auf der einen Seite ein wenig... Das will ich als *Janus 2.0* bezeichnen.

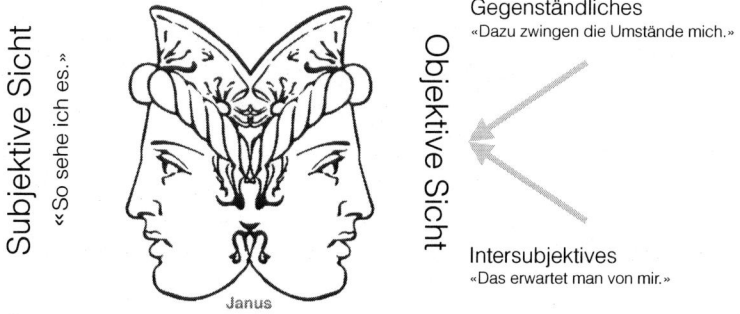

Abbildung 1:   *Janus 2.0* [*]

An der subjektiven Sicht – «Was halte ich für meine Verantwortung?» – ändert sich mit Janus 2.0 nichts. Aber in der objektiven Sicht schaut ein Auge von Janus auf das Gegenständliche, und das andere auf das Intersubjektive:

---

[*]   *Subjektive Sicht:* Was halte ich für meine Verantwortung?
     Objektive Sicht – Gegenständliches: Was zwingt mich in eine Verantwortung?
     – Intersubjektives: Wo sieht mein soziales Umfeld meine Verantwortung?

Das *Gegenständliche* wird im Beispiel der oben erwähnten Segler-
gattin deutlich. Sobald ihr Profiseglergatte über Bord gefallen und vom
Hai verspeist wurde, bleibt ihr absolut nichts anderes übrig, als die
volle Verantwortung für die Weiterfahrt bis in den sicheren Hafen zu
übernehmen. Es ist schlicht niemand da, der ihr die Verantwortung
abnehmen könnte. Natürlich hat sie die Option, die Segel einzuholen,
zu dümpeln und über Funk Hilfe anzufordern: Dann hat sie eben mit
dieser Aktion ihre Verantwortung wahrgenommen. Was sie auch tut,
niemand kann ihr die Verantwortung abnehmen.

Das *Intersubjektive* aber ist das, was in weniger schrägen Beispielen
sehr viel häufiger die Ausgangslage bildet. «Man» schiebt jemandem
die Verantwortung zu – und zwar so unübersehbar und aufdringlich,
dass sich die subjektive Sicht dem nicht einfach nach Belieben entziehen kann. «Man» – das ist eine wahrgenommene Mehrheit. Aus subjektiver Sicht scheinen die meisten anderen Menschen oder besonders
relevante Gruppen so zu denken. Man «weiß», wer verantwortlich ist.
Bei politischen Ämtern ist das der Fall. Beim CEO (oder auch dem Ver-
waltungsratspräsidenten) ebenso. Entsprechend gibt es Situationen, wo
sich beispielsweise Bürgerinnen und Bürger für manche sie selbst betreffenden Themen absolut nicht in der Verantwortung sehen, da diese
ja bei der Regierung liege. Oder Mitarbeiterinnen und Mitarbeiter glauben vielfach, für ihr Tun keine besondere Verantwortung zu tragen,
da diese ja bei der Geschäftsführung liege. Unnötig zu sagen, dass Re-
gierungen und Geschäftsleitungen die Sache nicht selten umgekehrt
beurteilen.

Die These dieses Kapitels, was an Verantwortung «weg» sei – genommen von wem auch immer –, könne kein anderer mehr nehmen,
gilt auch dann, wenn es sich dabei nur um eine Unterstellung handelt.
Wenn diese Unterstellung intersubjektiv gilt, ist sie fast gleich stark,
wie wenn sie gegenständlich «objektiv» wäre.

Nun ist Verantwortung logischerweise – anders, als die Metapher in
der Überschrift dieses Kapitels unterstellt – keineswegs Materie. Wenn
Sie etwas für Ihre Verantwortung halten, kann ich dennoch kommen

Entweder meint
«Eigenverantwortung»
Verantwortung – oder aber
bloß vorauseilender
Gehorsam.

Zu Verantwortung gehört
stets eine subjektive und eine
objektive Seite: Das ist ihr
Janus-Charakter.

Verantwortung braucht
Entscheidungsspielraum.

Hierarchische Organisationen bauen
auf die Verantwortung weniger.
Alternative Organisationsformen
zählen auf die Verantwortung aller.

Es geht letztlich um die
konsequente Aufhebung der
Trennung von Denken und
Tun.

nehmen zu, die eine größtmögliche organisatorische Flexibilität verlangen. Agilität lässt sich in starren Hierarchien nicht gewährleisten – ganz im Gegenteil. Zweitens, schon jetzt zeigen sich viele Brüche: Führungskräfte verbringen den größten Teil ihrer Zeit mit Aufgaben außerhalb ihres hierarchischen Zuständigkeitsgebiets. Rückdelegation nach oben – oft nach ganz oben – wird normaler und zeigt, dass die hierarchische Aufteilung der Entscheidungshoheit nicht mehr zuverlässig funktioniert. Drittens, alternative Organisationsformen, die nicht auf der formalen Hierarchie aufbauen, gibt es sehr wohl. Sie sind netzwerkartig und setzen auf Menschen, die bereit und reif sind, Verantwortung zu übernehmen. Unternehmen müssten nun also umdenken, aber alle ihre Mitglieder – oben wie unten – wollen das nicht. Der Druck wird gleichwohl zunehmen. Viertens, die Abschaffung der formalen Hierarchie bedeutet nicht die Abschaffung von Führung. Führung wird zu einer Rolle unter vielen. Selbstredend bleiben auch viele Gefälle (fachlicher, charismatischer, persönlicher Natur etwa) zwischen den Menschen. Aber so, wie man in der hierarchischen Welt die Verantwortung des Chefs für unteilbar hält, muss die Verantwortung *aller* in der künftigen Welt als unteilbar respektiert werden. Basis dafür sind kleine zu Netzwerken verbundene Rollen (nicht Individuen, also nicht Ich-AGs). Fünftens, mit all dem geht es nicht um Demokratisierung der Unternehmen, sondern um die Lösung eines Steuerungsproblems, das die Digitalisierung aufwerfen wird.

Unabhängig davon, wie beliebt also Verantwortung ist – mehr Menschen als bisher werden lernen müssen, Verantwortung zu tragen. Für ihre Rolle und für ihr Tun und Lassen.

In meinem Buch «Freibriefe – 66 Reflexionen für Geführte» habe ich für eine Vielzahl von Themen illustriert, was es konkret heißen kann, die Verantwortung für nur gerade *eine* Rolle im beruflichen Alltag – die Rolle als Geführte/r nämlich – wahrzunehmen.

Hier nun geht es darum, sich dem Problem der Verantwortung wesentlich breiter, aus ganz verschiedenen Blickwinkeln zu nähern und das Thema auf diese Weise einzukreisen und auszuleuchten. Dieses erste Kapitel hat gezeigt, dass das Thema nicht entlang der betrieblichen Hierarchie gespalten werden darf in «oben» Verantwortung und «unten» Eigenverantwortung.

Kurzum: Wir sollten auf den Begriff «Eigenverantwortung» möglichst verzichten. Wo wir ihn dennoch gebrauchen, zitieren oder auch nur hören, sollten wir uns genau überlegen, warum genau wir (oder andere) von Eigenverantwortung und nicht von Verantwortung sprechen. Unabhängig davon, was innerhalb einer Hierarchie von denen «unten» an Pflichterfüllung, Gehorsam, Loyalität oder Commitment zu Recht verlangt werden darf: Es sollte nicht mit dem Begriff «Eigenverantwortung» schöngeredet werden. Denn Verantwortung ist etwas gänzlich anderes. Verantwortung ist nichts Passives. Sie muss *aktiv* und *persönlich* wahrgenommen – gesehen und gelebt – werden. Das geht nur, wenn die Trennung von Denken und Tun für sämtliche Arbeitsrollen – und auf jeder betrieblichen Ebene – wirklich aufgehoben werden kann.

cal Conditions – zu deutsch: Sch...wetter) seelenruhig in den nächsten Berg hineinfliegt, bloß weil wir vorher abgemacht haben, dass er nicht spreche, wiewohl er natürlich bemerkt hat, dass ich blöderweise die falsche Höhe eingestellt hatte. Es ist schlicht nicht möglich, die zwei geschilderten Situationen als Pilot psychologisch gleich wahrzunehmen oder zu empfinden: Und es hat nichts mit einer wie auch immer gearteten Fähigkeit oder Bereitschaft, Verantwortung zu übernehmen, zu tun. Mit dem beteiligten Profi ist ein Stück Verantwortung «weg», es steht mir nicht mehr zur Verfügung.

In Erziehungs- oder Ausbildungsbelangen ist das jeweils analoge Szenario von Eltern–Kind oder Lehrer–Schüler oder Meister–Lehrling wohlerprobt. Das Kind, der Schüler, der Lehrling stehen jeweils erst langsam und probehalber in der Verantwortung. Ihre Verantwortungsübernahme wird gemeinsam geübt. Und die Hauptverantwortung von Eltern, Lehrer, Meister liegt jeweils gar nicht bei der aktuell ausgeübten Tätigkeit ihrer Schutzbefohlenen, sondern dabei, wie geschickt sie diese an ihre Verantwortung heranführen. In der Fliegerei gibt es dafür einen besonders heiklen Moment: nämlich dann, wenn der Fluglehrer den Schüler zum ersten Mal allein in die Luft lässt. Er muss dazu gut einschätzen können, ob der Schüler tatsächlich in der Lage ist, aus der simulierten tatsächliche Verantwortung zu machen. (Ich habe noch heute das abgewetzte T-Shirt mit dem Aufdruck «Solo», das mir damals meine älteste Tochter schenkte). Das Lehrer–Schüler-Verhältnis wie auch das Meister–Lehrlings-Verhältnis wird denn auch formell und auf ein exaktes Datum hin beendet, so dass allen Beteiligten klar ist, dass die Verantwortung nun neu geregelt ist. Der «Abschluss», den die meist jungen Menschen dabei machen, ist der zeitliche Abschluss der Phase geteilter Verantwortung. Weniger klar – und daher auch oft die Quelle von Reibungen – ist dieser Zeitpunkt im Eltern–Kind-Verhältnis. Frühere Mannbarkeits- und Initiationsriten haben das besser geregelt. Heute kommt es oft vor, dass sich deckungsungleiche Auffassungen davon, ob denn ein junger Mensch nun schon selbst verantwortlich sei oder nicht, zum *Casus Belli* zwischen Eltern und Jungmannschaft entwickeln. Nur am Rande sei noch ergänzt, dass es in den letzten Jahren auch zu vielen entsprechenden Deckungs*ungleichheiten* in der Wahrnehmung zwischen Eltern und Lehrern (die sich inzwischen ja terminologisch zu Lehrpersonen promoviert haben) kommt.

Für postgraduale Ausbildungssituationen greife ich noch einmal auf die Fliegerei zurück. Es gibt da in jedem Linienflugzeug den «Pilot Flying» und den PIC – den «Pilot in Command». Letzteres ist der Ranghöhere, in der Regel der Captain. Ersteres kann ebenfalls der Captain sein, ist aber eben häufig der (meist jüngere) Copilot. Die Verantwortung des PIC ist dann die von außen zugeschriebene (und rechtlich maßgebliche) *accountability*. In der delegierten Verantwortung des Copiloten aber liegt *autonomy*. «Accountability» betrifft die Zuständigkeit, für die man haftbar gemacht werden kann. Sie ist das, was oberste Chefs bei denen weiter unten gerne geklärt und geregelt haben wollen. «Autonomy» dagegen ist die persönliche Zuständigkeit, die man selbst als die eigene Verantwortung liest. Und sie ist das, was man von oberen Vorgesetzten gerne ausreichend zugestanden bekäme. Daraus resultieren oft auch Missverständnisse: Die Chefin sagt *Accountability!* zu ihren Mitarbeiterinnen, während diese *Autonomy!* hören.

Im betrieblichen Umfeld gibt es sozusagen prototypische Beispiele. Ein Klassiker dabei ist die Wirkung des Mikromanagements. Wenn Chefs bei Kleinigkeiten eingreifen und beispielsweise finden, der Titel auf einer Folie würde doch zentriert weit schöner aussehen als linksbündig, so ist die Wirkung dieses Eingriffs in der Regel unabhängig davon, ob das auch stimmt. Die Wirkung entsteht daraus, dass der Eingriff ein Griff ins Lenkrad darstellt – und das entzieht Kontrolle. Dies wiederum schließt ein, dass ein Teil der Verantwortung dem eigentlich Handelnden entzogen wird. Nicht selten mit dem Effekt, dass er den Rest auch grad noch abgibt.

Ein anderes prototypisches Beispiel aus dem Unternehmensleben ist das Kopfzerbrechen. Nicht selten ergibt es sich als mittelfristige Folge dauernden Mikromanagements. Mit der Zeit reagieren viele Mitarbeiterinnen und Mitarbeiter, aber auch Führungskräfte, auf Mikro-

2 Wir müssen uns Verantwortung als Materie denken – was weg ist, ist weg.

Allenthalben wird geklagt, die Menschen seien heute kaum mehr bereit und fähig, Verantwortung zu übernehmen. Für die (junge) Generation Y* gelte dies ganz besonders. Deshalb werde sie ja auch wie «Why?» ausgesprochen, da sie stets nach dem Warum frage, statt eine Aufgabe einfach ganz selbstverständlich zu übernehmen und sich dafür verantwortlich zu fühlen.

An dieser Klage ist gleich mehreres faul. Erstens ist sie der *running gag* aller Älteren seit den alten Römern. Etwas *démodé* also. Zweitens ist es biologisch eher fragwürdig, wie denn eine ganze Generation flächendeckend mit demselben genetischen Defekt geschlagen sein sollte. Drittens steht die Behauptung im Widerspruch zu der wachsenden Zahl an Start-ups, wie sie ja insbesondere von Jungen gegründet werden. Viertens aber – und das hat nun nichts Spezifisches mehr mit den Jungen zu tun: Warum wird von der Beobachtung, dass jemand in einer konkreten Situation offenbar keine Verantwortung übernimmt, flugs auf einen Mangel an Bereitschaft oder Fähigkeit geschlossen? Könnte es nicht auch sein, dass so und so oft die Verantwortung einfach schon weg ist, bevor man sie nehmen kann? Wie bei einem Stück Kuchen, bei dem ein anderer schneller war. Und könnte es nicht sein, dass dies heute vielleicht häufiger der Fall ist als früher? Und dass die junge Generation nur deshalb – zu Unrecht! – als Verantwortungs-los oder

---

* Nach den sogenannten Babyboomern (bis circa 1965 geboren), Generation X (bis etwa 1980 geboren) wurde die Generation Y zwischen etwa 1980 und 1999 geboren. Man nennt sie auch *Millennials*. Man sagt von ihnen, sie seien besonders gut ausgebildet, technikaffin (da mit dem Internet aufgewachsen) und nicht bloß an Karriere interessiert. Solche Zuschreibungen variieren in der Literatur ebenso wie die Jahresbegrenzungen der jeweiligen Gruppen.

zumindest Verantwortungs-scheu gesehen wird? Diese Hypothese soll im Folgenden diskutiert werden. Nähern wir uns der Sache zunächst szenisch.

Szenen der Verantwortungsübernahme

Ein Freund von mir, begnadeter Segler, klagte neulich, seine Frau würde an Bord für gar nichts, was das Segeln angehe, Verantwortung übernehmen. Obwohl sie die entsprechenden Aufgaben sehr wohl beherrsche. Ansonsten sei sie in ihrem Leben hingegen absolut fähig und willens, Verantwortung zu übernehmen. Mein Einwand, er selbst habe eben faktisch die ganze Verantwortung für alles Seglerische vollständig absorbiert, gab ihm zu denken. Er gab sofort zu, dass er ja stets ein Back-up bilde und notfalls korrigierend eingreifen würde. Wir waren uns dann auch schnell einig, dass im Fall, wo er von Bord fiele und umgehend vom Haifisch gefressen würde, seine allein an Bord zurückbleibende Frau ziemlich rasch für alles Seglerische die volle Verantwortung übernähme. Es blieb zum Glück beim Gedankenspiel.

Bleiben wir noch bei Sportszenen. Ich war Hobbypilot mit Instrumentenflugberechtigung. Da macht man jährlich einen Check-Flug mit einem Experten, unterjährig macht man vielleicht Trainingsflüge, zum Beispiel mit Begleitung eines Fluglehrers. Nun gilt in so einer Situation manchmal die Abmachung, wonach der Experte/Fluglehrer schweigend dasitzt und erst nach dem absolvierten Check- oder Trainingsflug seinen Kommentar abgeben wird. Laut dieser Spielregel bin ich also zu 100 % für alles Fliegerische als Pilot verantwortlich. Genau wie wenn ich ohne einen Profi an Bord fliege. Aber was für ein Unterschied! Im letzteren Fall weiß ich ganz genau, dass *alles* allein von mir abhängt, wenn ich beispielsweise in Wolken fliege, es Turbulenzen gibt, im dümmsten Moment das falsche Lämpchen rot leuchtet und und und. Im ersteren Fall kann alles genau gleich sein. Aber trotz der genannten Abmachung mit dem Experten oder Fluglehrer fühlt sich meine Verantwortung komplett anders an. Denn es ist in meinem Hinterkopf jederzeit klar, dass der Profi nicht mit mir in IMC (Instrument Meteorologi-

Oft ist Verantwortung schon weg – ein anderer hat sie an sich genommen.

Es gibt gegenständliche Anforderungen an Verantwortung: «Dazu zwingen die Umstände mich.»

47

Und es gibt intersubjektive Anforderungen an Verantwortung: «Das erwartet man von mir.»

Was gilt denn nun in der heutigen Kultur? Liegt die Verantwortung nur ganz zuoberst? Oder liegt sie bei jedem Einzelnen? – Das ist der Double-bind der Verantwortung.

Es geht um das Erkennen des eigenen Anteils in einer Kooperation...

...und um die Selbstverpflichtung dazu. Unter der Bedingung flexibler Optionen.

3   Wo «oben» Patronales lebt, ist «unten» Infantiles nicht weit.

Nachdem wir im letzten Kapitel besprochen haben, wie Menschen (zum Beispiel Vorgesetzte) andere Menschen (zum Beispiel Mitarbeiterinnen und Mitarbeiter) in der Wahrnehmung derer Verantwortung beeinflussen können, wollen wir nun den Einfluss von Strukturen untersuchen. Insbesondere den Einfluss, den die übliche betriebliche Hierarchie haben kann.

Eine Hierarchie kennt ein klar definiertes Oben und Unten. Es handelt sich dabei um ein Machtgefüge, das formal nur in eine Richtung geht: Denn von oben nach unten gibt es eine Weisungsbefugnis. Derartigen Verhältnissen ist häufig ein Interaktionsmuster eigen, das man in der psychologischen Transaktionsanalyse* nach Eric Berne als *Eltern-Ich* gegenüber *Kindheits-Ich* bezeichnet. Es unterscheidet sich von Interaktionsmustern zwischen dem *Erwachsenen-Ich* der einen und dem einer anderen Person. Die drei transaktionsanalytischen Ich-Formen können – je nach Beziehung der Betroffenen – in allen denkbaren Kombinationen vorkommen. Alle diese Kombinationen haben ihre Eigenheiten, insbesondere weil sich diese Ich-Formen faktisch gegenseitig evozieren können: Die Chance, dass Sie mit Ihrem Erwachsenen-Ich antworten, wenn ich Sie mit meinem Erwachsenen-Ich anspreche, ist groß. Größer jedenfalls, als wenn ich mit dem Eltern-Ich daherkomme und Ihnen beispielsweise mit dem moralischen Zeigefinger begegne. Oder wenn

---

*   Die Transaktionsanalyse (TA) ist eine psychologische Theorie der menschlichen Persönlichkeitsstruktur. Die Theorie wurde Mitte des 20. Jahrhunderts vom amerikanischen Psychiater Eric Berne (1910–1970) begründet, und sie wird bis heute weiterentwickelt. Die Transaktionsanalyse erhebt den Anspruch, anschauliche psychologische Konzepte zur Verfügung zu stellen, mit denen Menschen ihre erlebte Wirklichkeit reflektieren, analysieren und verändern können. [Wikipedia]

ich mich mit einem hilflosen Kindheits-Ich präsentiere, was bei Ihnen womöglich eine Art Mutterinstinkt anrührt und Sie prompt mit Ihrem Eltern-Ich antworten lässt.

In einer formalen Hierarchie ist die Chance darauf, dass «oben» aus dem Eltern-Ich heraus agiert und «unten» mit dem Kindheits-Ich reagiert wird, deshalb besonders groß, weil es sich um ein Machtgefälle handelt. Wer Erfahrungen mit dem Militärdienst hat – einer formalen Hierarchie par excellence –, wird sich daran erinnern, wie unglaublich unmündig man sich als erwachsener Mensch da benehmen kann. Und die meisten «Heldengeschichten» aus der Zeit beziehen sich denn auch auf entsprechend unerwachsenes Tun und Lassen. Dass man dabei Verantwortung übernommen hätte, lässt sich nicht gerade behaupten.

Ein CEO, dem ich die These dieses Kapitels erläutern wollte, zeigte zunächst wenig Verständnis dafür. Er fand: Entweder ist jemand reif oder eben ein Kindskopf. Mündig oder unmündig. Bis ich ihm vom Militärdienst erzählte (ich selbst habe da eine ruhmreiche Karriere als Brieftauben-Hilfsdiensttauglicher hinter mir – das ist rangmäßig sogar noch unter dem Soldaten). Strahlend erinnerte er sich darauf an seine wesentlich bedeutsamere Karriere als Offizier – und an sein eigenes kindisches Benehmen noch in der Abschlussprüfung der ZS-I (das ist die Zentralschule für angehende Hauptleute). Und da leuchtete ihm meine These dann ein.

Man muss sich vor Augen halten, dass es im Militär ja nicht nur Einsatzbefehle gibt, sondern auch beispielsweise die Order, wann erwachsene Menschen das Licht löschen und schlafen sollen. Wenn einen *das* nicht an die Regeln der Kindheit gemahnt, was dann?

Mündigkeit ist unteilbar

Der Grund für das Regredieren ansonsten mündiger Menschen in kindische Verhaltensmuster liegt nicht daran, dass etwa ihre Mündigkeit nicht stabil genug ausgereift wäre (wie das bei Jugendlichen zum Beispiel sehr wohl noch der Fall sein kann). Es liegt auch nicht daran, dass die persönliche Reife zur Übernahme von Verantwortung bereichsspezifisch wäre: im Beruf bin ich ein Kindskopf, privat erwachsen – oder umgekehrt. Es liegt vielmehr daran, dass Mündigkeit unteilbar ist:

Wer Menschen zu achtzig Prozent als mündig behandelt, zu zwanzig Prozent jedoch als unmündig, muss damit rechnen, dass sie sich bis zu hundert Prozent unmündig verhalten. Dies gilt zumindest in relativ geschlossenen und hierarchisch organisierten Systemen. Dazu zählt der größte Teil der Arbeitswelt.

Arbeitsorganisationen sind insofern als relativ geschlossene Systeme zu betrachten, als sich die darin verbundenen Menschen in aller Regel juristisch so sehr zu einem aktiven Mitmachen verpflichtet haben, dass sie nur unter Einhalten eines Kündigungsrituals und der damit verknüpften Fristen das System verlassen können. Da außerdem für die meisten von uns mit einer solchen Organisation der persönliche Lebensunterhalt verbunden ist, ist unsere Freiheit, diese zu verlassen, erheblich eingeschränkt. Teil eines sozialen Systems zu sein, heißt aber auch, die in ihm geltenden Spielregeln mehr oder weniger einzuhalten. Es ist nicht möglich, sich den Interaktionen der anderen Systemmitglieder nach Belieben zu entziehen.

Arbeitsorganisationen sind heute überdies in aller Regel hierarchische Systeme. Es gibt eine formal geregelte Machtausübung, und diese ist den davon Betroffenen überaus klar. Wer innerhalb des Systems bleiben will, muss zumindest das Vorhandensein solcher Macht respektieren, auch wenn einzelne Aspekte davon durchaus anzweifelbar und damit veränderbar sind. Dies gilt nicht etwa nur für jene, die von der Machtausübung anderer passiv betroffen sind, sondern ebenso für jene, welche aktiv Macht ausüben. Und es gilt nicht nur für die formal geregelte Machtausübung, sondern gleichzeitig für die informelle zwischenmenschliche Machtausübung, welche ohne Zweifel auch in jeder Arbeitsorganisation stattfindet. Es ist nicht möglich, sich dieser Machtausübung zu entziehen. Macht ist ein Teil jeder zwischenmenschlichen Beziehung.

Als Teil einer relativ geschlossenen und hierarchischen Organisation bin ich jederzeit in soziale Beziehungen eingebunden. Es spielt dabei keine Rolle, ob ich zu einem gegebenen Zeitpunkt konkret mit anderen Menschen zu tun habe oder nicht, denn andere Systemmitglieder sind psychologisch jederzeit präsent: ich weiß um ihre Existenz und um die mit ihnen vereinbarten Spielregeln. Selbst wenn ich mich – unbeobachtet – außerhalb der Spielregeln bewege, weiß ich sehr wohl darum und stehe damit faktisch wiederum in diesen sozialen Beziehungen.

Das heißt: Wenn soziale Beziehungen *entmündigenden* Charakter haben, muss der oder die Betroffene darauf eintreten. Die Entmündigten können sich gegen die Entmündigung wehren oder auch nicht. Sie können sich auch später oder im Voraus dagegen verwahren. Aber sie können sich nicht dem Sachverhalt der Entmündigung selbst entziehen oder diese ungeschehen machen. Damit wird Unmündigkeit für uns alle zu einer *stets realen Möglichkeit* auch des eigenen Handelns. Darin liegt die Begründung der These der Unteilbarkeit von Mündigkeit. Denn wo etwas *möglich* ist, muss ich damit rechnen, dass es auch *wirklich* wird – bei mir selbst wie auch bei anderen.

Was heißt Mündigkeit?

Seit die Aufklärung mit Kant den Prozess des Erwachsenwerdens von der Un-Mündigkeit hin zur Mündigkeit auf den Verlauf der allgemeinen Menschheitsgeschichte projizierte, ist der Begriff von einem psychologischen zu einem gesellschaftlichen geworden. Die persönliche Mündigkeit ist unabdingbar verknüpft mit der sozialen Mündigkeit. Mündigkeit meint die Möglichkeit zur Selbstbestimmung, meint Unabhängigkeit und Autonomie. *Sie ist die Voraussetzung für die Übernahme persönlicher Verantwortung.*

Selbstbestimmung, Unabhängigkeit und Autonomie – hier synonym als Mündigkeit verstanden – sind nicht einfach individuelle Eigenschaften oder Fähigkeiten. Sie sind Ausdruck sozialer Beziehungen, denn sie müssen nicht nur selbst beansprucht, sondern auch von den anderen gewährt werden. Nur über diesen sozialen Charakter von Mündigkeit lässt sich der Begriff uneingeschränkt positiv werten, lässt er sich abgrenzen gegen jene Illusionen von Selbstbestimmung, Unabhängigkeit und Autonomie, die letztlich menschenfeindlich sind, da sie nur auf wenige, niemals aber auf alle angewendet werden können – so nach dem Motto: «Ich mache ganz einfach, was ich will.»

Mündigkeit ist somit die Fähigkeit und das Recht auf eine Selbstbestimmung, die gleichzeitig auch allen anderen gewährt werden könnte. Unmündigkeit meint demnach die Unfähigkeit oder die faktische Unmöglichkeit, eine solche Selbstbestimmung wahrzunehmen und in persönlicher Verantwortung zu handeln. Entmündigen heißt, anderen die Entwicklung der Fähigkeit zur Selbstbestimmung zu erschweren oder ihnen das Recht darauf zu beschneiden. Ein Gegenteil von Entmündigen gibt es jedoch nicht: Man kann niemanden mündig «machen». Man kann anderen nur mehr oder weniger erleichtern, mündig zu werden.

Wer will Mündigkeit?

So wie ich den Begriff Mündigkeit eben definiert habe, sei er uneingeschränkt positiv gewertet. Schließt dies ein, dass jeder Mensch jederzeit Mündigkeit will? Keineswegs, denn dafür ist Mündigkeit viel zu anstrengend! Mündigkeit ist kein Entwicklungsstadium, das sich unumkehrbar erreichen ließe: Wie jede andere Fähigkeit muss auch Mündigkeit ständig geübt und vervollkommnet werden, und wie jedes andere Recht muss auch Mündigkeit unablässig wieder neu beansprucht und behauptet werden. Darin liegt das Anstrengende an der Mündigkeit und gleichzeitig das überaus Bequeme an der Unmündigkeit, respektive dem Meiden von Verantwortung. Dies sollte gerade in einem an Mündigkeit orientierten Menschenbild nicht unterschlagen werden. Ein kleiner Schreibfehler, und schon wird aus Mündigkeit Müdigkeit. Die Gefahr der Regression sitzt uns allen stets im Nacken.

Nichts kann als Beweis für die notwendige Bevorzugung von Mündigkeit gegenüber Unmündigkeit angeführt werden. In der letztlich zufälligen historischen Gegebenheit, in der wir uns zu Beginn des dritten Jahrtausends befinden, ist Mündigkeit aber *eine* der Möglichkeiten, für die wir uns entscheiden *könnten*. Und ich glaube, dass dann auch mehr Menschen persönlich Verantwortung übernähmen.

Das Verlockendste, was sich zugunsten der Mündigkeit und zugunsten der Übernahme von Verantwortung ins Feld führen lässt, ist der Vergleich mit Nektar: Wer davon gekostet hat, den verlangt es wieder danach. Eine Welt, die von Mündigkeit und Verantwortung geprägt wäre, wäre vielleicht nicht gerade das Paradies, aber die allabendliche Tagesschau wäre zweifellos erfreulicher.

Wer ist gegen Mündigkeit?

Niemand. Wenigstens nicht direkt. Es ist nur so: Wer etwas zu viel vom Nektar der Mündigkeit genossen hat, läuft Gefahr, zwischen Mündigkeit und Herrschaft – das heißt zwischen Selbstbestimmung und aktiver Fremdbestimmung – nicht mehr unterscheiden zu können. Wer aber seine eigene Selbstbestimmung pervertiert hat und andere Menschen – ohne deren ausdrückliche Legitimation – fremdbestimmt, muss faktisch gegen die Selbstbestimmung dieser Menschen sein. Das ist die Ambivalenz von Mündigkeit und zeigt, welch gefährliche Gratwanderung unternimmt, wer darauf zustrebt. Es wäre fahrlässig, dies zu ignorieren.

Im letzten Kapitel haben wir illustriert, wie eine bestimmte soziale Dynamik besonders starke Verantwortungsübernehmer faktisch zur Ursache dafür werden lässt, dass andere Menschen ihre Verantwortung nicht mehr sehen oder nehmen wollen – und damit faktisch in eine unmündige Position regredieren.

Vielleicht sind Arbeitsorganisationen diesbezüglich besonders gefährdende Lebensfelder. Ihre relative Geschlossenheit verunmöglicht den Beteiligten, auszusteigen, selbst wenn jemand ihnen gegenüber den Unterschied zwischen Mündigkeit und Herrschaft verkennt.

Macht und Mündigkeit

Herrschaft sei hier verstanden als nicht legitimierte Machtausübung. Nicht jede Machtausübung ist Herrschaft und also mit gegenseitig akzeptierter und praktizierter Mündigkeit unvereinbar. Jedes Staatswesen, jede formale Organisation regelt Formen der Machtausübung, die zeitlich und inhaltlich begrenzt das Selbstbestimmungsrecht der Einzelnen einschränkt. Dies ist Teil einer intersubjektiven Vereinbarung, zu der auch gehören muss zu klären, wie die Vereinbarung gemeinsam geändert werden kann. Der Mündigkeit aller wird dadurch keinen Abbruch getan.

Grundsätzlich anders verhält es sich mit Herrschaft – also mit Macht, die (wie in einer Diktatur) nicht demokratisch legitimiert ist. Es sei denn, die Macht wird alternativ durch Kontrollmechanismen wettgemacht, wie sie etwa ein Wirtschaftsunternehmen in der Regel kennt.

Wesentlicher als diese formelle Regelung ist für unseren Kontext jedoch die *informelle Machtausübung*. Wir haben hier zu unterscheiden zwischen der individuellen und der strukturellen Variante der Ausübung informeller Macht.

Individuell kann informelle Macht in allen sozialen Beziehungen ausgeübt werden. Durchaus auch wechselseitig und auf einer breiten Skala des Verhaltens, die von leise und subtil bis zu grobschlächtig und physischen Formen der Gewaltanwendung reicht. Dieser Skala entspricht, wenn auch nicht eins zu eins, das Repertoire des Handelns derer, die sich dagegen verwahren. Sicher ist es Teil der subjektiven Wahrnehmung, wo jemand die Grenze solcher Machtausübung zur Entmündigung wahrnimmt, und dementsprechend wird er oder sie vom Reaktionsrepertoire Gebrauch machen. Aber ebenso sicher ist, dass der Kampf gegen unakzeptable – nämlich entmündigende – informelle Machtausübung anderer ein ebenso ständiger und anstrengender Prozess ist wie jener des Mündigwerdens selbst.

Strukturell wird informelle Macht dort ausgeübt, wo durch die Strukturen sozialer Systeme – das sind Regelungen von Ge- und Verboten bis zur angeordneten, abgesprochenen oder eingespielten Form der Arbeitsteilung – die persönlichen Handlungsspielräume begrenzt werden. Dies ist zwar fast durchgängig der Fall, aber keineswegs stets entmündigend und damit unakzeptabel: Es kommt konkret darauf an, welcher Art die Machtausübung ist und wie die entsprechenden Strukturen geändert werden können. Dass diese strukturelle Machtausübung hier der informellen Variante zugerechnet wird, liegt daran, dass die angesprochenen Strukturen in aller Regel nicht öffentlich und ausdrücklich als Machtstrukturen bezeichnet werden (man denke etwa an organisationale Regelungen oder an Lohnsysteme oder an Informationssysteme). Dies ist insofern wenig erstaunlich, als sich viele Manager generell schwer damit tun, dazu zu stehen, dass sie über Macht verfügen und Macht ausüben: Ohne jeden Hauch von Ironie lehnen sie dies sehr oft ab. Lieber reden sie von Verantwortung oder Zuständigkeit oder Kompetenz, und noch lieber mischen sie all diese Begriffe unauffällig durcheinander.

Mündigkeit und Management

Manager sind die Träger der formalen Macht in betrieblichen Organisationen, und sie dürften auch einen beträchtlichen Teil der informell ausgeübten Macht auf sich vereinen. Ihre Bedeutung für Mündigkeit respektive Unmündigkeit anderer und deren Bereitschaft zur Übernahme von Verantwortung ist deshalb nicht zu verkennen. Daraus kann allerdings keineswegs geschlossen werden, Macht zu haben (und auch tatsächlich auszuüben) schließe ein, selbst mündig zu sein. Die Wortwahl «mündig sein» gibt Gelegenheit, ein nahe liegendes Missverständnis auszuräumen: Was ich oben über die Mühsal des ständigen Bemühens um Mündigkeit gesagt habe, klärt, dass niemand je – also unumkehrbar und in allen Lebensfeldern – mündig «ist». Zwar ist nicht zu leugnen, dass es in der erwachsenen Ich-Entwicklung Fortschritte geben kann, die im Einzelfall die Beobachtenden dazu verleiten können, die Mündigkeit der beobachteten Person als umfassend und unwiderruflich anzusehen. Aber dennoch sollte auch in diesen Fällen zu bedenken bleiben, dass sie dies nie tatsächlich und unabänderlich «ist», sondern stets das unschöne Potenzial zur Regression beinhaltet. Denn wie sollten wir wissen, wie sich diese Person in wirklich neuen und unbekannten Lebensfeldern bewegt, oder wie können wir beispielsweise ahnen, wie sich ihr individueller Alterungsprozess vollzieht?

Also auch die Manager, die selbst Macht über andere (und damit über deren Chancen auf Mündigkeit und Verantwortungsübernahme) ausüben, besitzen damit noch keinen Garantieschein eigener Mündigkeit. Die hier zur Diskussion gestellte These der Unteilbarkeit von Mündigkeit bezieht sich aber nicht auf die Mündigkeit der Manager selbst, sondern auf ihren Umgang mit Menschen: Dieser Umgang kann die Mündigkeit der Menschen positiv oder negativ beeinflussen.

Manager nehmen, absichtlich oder nicht, bewusst oder nicht, in vielfacher Weise Einfluss auf den Prozess des Mündigwerdens anderer. Am offenkundigsten ist dies dort der Fall, wo durch Führungsverhalten und Führungsentscheide individuelle und kollektive Handlungsspielräume anderer begrenzt (oder eben erweitert) werden. Es ist aber auch dort der Fall, wo Managementhandeln Strukturen in einer Organisation prägt, welche Handlungsspielräume anderer begrenzen (oder eben erweitern). Hierarchie ist dabei die vielleicht systematischste Form der Beschränkung (respektive einseitigen Gewährung) von Handlungsspielräumen. Zwar bedeutet Handlungsspielraum nicht automatisch Mündigkeit, ist aber dennoch eine unabdingbare Voraussetzung dafür. Und hier schließt sich der Kreis zur Verantwortung. Denn die Fähigkeit, Verantwortung zu übernehmen, *heißt* Mündigkeit. Ihre Voraussetzungen sind deckungsgleich.

Ein Fallbeispiel: Der Bruch in der Philosophie

Bei einem Kunden habe ich ein interessantes Nebeneinander einer verantwortungsbasierten Erwachsenenwelt von Mündigkeit *und* eines hierarchiebasierten Patronales-evoziert-Infantiles-Spiels von Unmündigkeit angetroffen. Das Unternehmen ist in der Software-Entwicklung tätig und hat ein markantes Wachstum hinter sich. Heute beschäftigt es rund 400 Mitarbeiterinnen und Mitarbeiter. Es ist eine Expertenorganisation mit hoch qualifizierten Menschen. Wie in der Welt der IT schon seit Jahren gebräuchlich, setzt man auf sehr agile Organisationsformen. Methoden wie SCRUM* arbeiten nicht mit den früher üblichen Mehr-

---

* Scrum (englisch für Gedränge) ist die Bezeichnung für ein Vorgehensmodell des Projekt- und Produktmanagements, insbesondere zur agilen Softwareentwicklung. Es wurde ursprünglich in der Softwaretechnik entwickelt, ist aber davon unabhängig. Scrum wird inzwischen in

jahresprojektplänen, mit hierarchischen Vorgesetzten und festen Strukturen, sondern mit klar definierten Rollen in dynamischen Netzwerken. Die Verantwortung jeder Rolle ist dabei haargenau definiert, und sie liegt ausschließlich bei den Rollenträgern. (Es ist hier nicht der Ort, diese Methodik auszuführen; im Internet findet sich alles Nötige dazu.) Das Ganze funktioniert hervorragend.

Nichtsdestotrotz beklagt sich die Geschäftsleitung darüber, dass es viel zu oft Probleme etwa mit der ordentlichen Verbuchung von Ferienbezügen, Abwesenheiten und dergleichen mehr gäbe. Als Kern des Problems wurde von der Geschäftsleitung ein Mangel an Führungsstärke beim mittleren Kader geortet: diese Vorgesetzten würden ihre Kontrollpflicht zu wenig wahrnehmen und müssten nun entsprechend geschult werden.

Ich lehnte dies ab mit der Begründung, es liege ein systematischer Bruch in der Philosophie vor, der genau diese Symptome hervorbringen müsse. In der auf die Software-Entwicklung bezogenen Welt behandelt man die Menschen nämlich als absolut mündige Individuen – und tatsächlich übernehmen sie die Verantwortung, wie man dies von ihnen erwartet. In der auf die Organisationsdisziplin und administrative Notwendigkeiten bezogenen restlichen Welt hingegen stülpt man eine herkömmliche Hierarchie über die SCRUM-Teams. Und darin sollen erwachsene Menschen (Vorgesetzte) andere erwachsene Menschen (Mitarbeiterinnen und Mitarbeiter) überwachen, ob sie denn auch keinen Ferientag zu viel bezogen oder zu lange Pausen genossen hätten. Diese «Führungsverantwortung» ist so vertraut, dass man gar nicht mehr merkt, wie entmündigend sie ist. Sie unterscheidet sich in nichts von der elterlichen Überwachung der Kinder in Bezug auf deren Schlafenszeit. Und sie ist so patronal, dass sie bei den «Geführten» alle infantilen

vielen anderen Bereichen eingesetzt. Es ist eine Umsetzung von *Lean Development* für das Projektmanagement. Scrum besteht aus nur wenigen Regeln. Diese beschreiben fünf Aktivitäten, drei Artefakte und drei Rollen, die den Kern (oder englisch *core*) ausmachen. Die Regeln sind im sogenannten *Agile Atlas* (für den Kern, also wohl die Grundlagen) oder im (etwas ausführlicheren) Leitfaden *Scrum Guide* beschrieben. [Wikipedia]

Muster evoziert, die man sich ausdenken kann, um der Kontrolle erfolgreich zu entgehen. Sie ist *strukturell* – nicht an einen Führungs-«Stil» gebunden.

Die Folgen sind indes nicht bei allen Mitarbeitern gleich. Viele sind diszipliniert oder redlich oder loyal oder gehorsam oder ängstlich genug, um keine solchen Tricks anzuwenden. Meine These lautet nicht, dass es *zwingend* zu diesen infantilen Mustern kommen müsse. Aber es kann.

Die Führung des Unternehmens steht nun vor der Aufgabe, die begonnene Reise zu einer auf Verantwortung basierenden Organisation konsequent zu Ende zu gehen. Sie fängt eben erst an. Vielleicht wird der Preis die Aufgabe der Hierarchie als leitendes Organisationsprinzip – auch in der «oberen» Hälfte des Unternehmens respektive nicht-informatischen Belangen – sein.

Der Bruch in der Philosophie, den ich mit diesem Beispiel illustrieren will, resultiert nicht – wie im letzten Kapitel – aus dem *Verhalten* der Führungskräfte. Sondern aus dem *System*. Aber in der Folge entsteht daraus ein Bruch im Verhalten der Mitarbeiterinnen und Mitarbeiter. Wenn wir uns nun also der Frage zuwenden, was denn «patronal» respektive «infantil» im vorliegenden Kontext genau meine, so müssen wir das Patronale auf *Strukturen* und nur das Infantile auf *Verhalten* beziehen.

Patronales Verhalten könnte ja durchaus auch positiv sein: Es könnte eine väterliche Fürsorge ebenso meinen wie ein gutes Vorbild. Es kann eine moralische Instanz umschreiben unter der Etikette «streng, aber gerecht». Es kann schlicht ein persönlicher Stil eines älteren Vorgesetzten sein, den ihm niemand übel nimmt. Doch um solches Verhalten geht es hier nicht. Deshalb sei es auch erlaubt, nicht jedes Mal noch ein matronales Pendant mit aufzuführen. Denn das Patronale, das hier interessiert, ist unabhängig vom Geschlecht der Beteiligten.

Beginnen wir mit der Verhaltensseite, dem Infantilen also, und fragen wir uns erst danach, welche strukturellen Verhältnisse als patronal zu verstehen sind.

Was heißt «infantil»?

Zugegeben, «infantil» ist ein starkes Wort. Ich verwende es hier erstens darum, weil es terminologisch dem Begriff «patronal» am besten korrespondiert. Zweitens, weil es – anders etwa als «unmündig» – nicht vorschnell als Personenattribut, sondern auf *Verhalten* bezogen verstanden wird. Und drittens, weil das entsprechende Verhalten vielleicht nicht von der betreffenden Person selbst, wohl aber von ihrem Umfeld tatsächlich oft als infantil empfunden wird – wiewohl man es (zum Beispiel als Vorgesetzter) kaum je so bezeichnen dürfte. Ich selbst bin weniger höflich, und tu es hier auch deshalb ganz ungeniert, weil ich weiß, wie viel infantiles Verhalten in passenden Situationen ich selbst an den Tag lege.

Zunächst zähle ich zu den infantilen Verhaltensweisen, wenn man ganz genau weiß, dass man damit Spielregeln verletzt, sich im Fall des Erwischtwerdens nur schwach herausreden könnte und darauf zählt, vermutlich nicht ertappt zu werden. Vom Motiv her darf es sich dabei nicht um ein wie auch immer verstandenes höheres Interesse handeln, sondern primär dem eigenen Vorteil oder der persönlichen Bequemlichkeit dienen. Auch Faulheit oder Unsorgfältigkeit kommen sicherlich in Frage. Es gehören hierher vor allem Verhaltensweisen, auf die Vorgesetzte oder andere Autoritäten mit Kontrollblick achten.

Infantil ist aber auch das Betteln um Aufmerksamkeit und Anerkennung des Chefs. Ich rede vom Betteln, nicht einfach vom Bedürfnis danach. Besonders dann, wenn dieses Betteln es für taktisch notwendig hält, andere beim Chef kleinzumachen.

Das Kleinmachen von anderen kann auch aus Gründen der sozialen Positionierung in einer Gruppe erfolgen: Schlecht reden über Dritte. Gerüchte verbreiten. Finger pointing, das heißt Schuldzuweisungen. Die Liste der Möglichkeiten ist lang und leider wohlerprobt. Gemeinsam ist all diesen Dingen, dass die Person, die sich so verhält, keinen Anteil bei sich selbst sieht. Also jede Verantwortung von sich weist.

Als infantil würde ich auch bezeichnen, wenn das im letzten Kapitel bereits besprochene Kopfzerbrechen praktiziert wird – wenn sich jemand also, in vorauseilendem Gehorsam, stets nur den Kopf seines Chefs zerbricht. Statt den eigenen.

Natürlich gehört auch ein unreflektiertes, unpolitisches, sozusagen rein stammtischmäßiges Ihr-da-oben-und-wir-da-unten-Denken in unseren Katalog. Und gerade daran zeigt sich etwas Interessantes: Während alles zuvor Genannte mehrheitlich auf hierarchisch Tieferstehende gemünzt war, kann das eben erwähnte Denkmuster auch auf Die-da-oben zurückschlagen. Sobald Top-Manager nämlich in ein unreflektiertes, unpolitisches, sozusagen rein stammtischmäßiges Ihr-da-unten-und-wir-da-oben-Denken verfallen, ist dies nicht weniger infantil. Es verzichtet ebenso auf einen Perspektivenwechsel und sieht ebenso keine Verantwortung (für die bei den anderen respektive unteren) beklagten Verhaltensweisen bei sich selbst. Soziologisch kennen wir diesen Effekt aus einem anderen Lebensfeld: In den Fünfziger-, Sechzigerjahren liefen viele männlich-chauvinistischen Witze unter der Melodie «Blick' einer bei die Weiber durch!» (wie es der Berliner formuliert). Der Punkt dabei ist, dass Männer aufgrund der noch unbezweifelten patriarchalischen Machtverhältnisse es überhaupt *nicht nötig* hatten, Frauen zu verstehen. Umgekehrt aber galt der Anspruch sehr wohl, sonst hätten die Frauen ihren Männern niemals zu Diensten sein können.

Das gezeichnete Spektrum des Infantilen ist natürlich unvollständig. Aber dies würde es auch mit weiteren Aufzählungen bleiben. Lassen wir es also damit bewenden.

Was heißt «patronal»?

Es geht, ich wiederhole es, hier um patronale Verhältnisse, Bedingungen, Strukturen – nicht um patronales Verhalten.

Greifen wir noch einmal auf das Janus-Modell zurück, das wir im letzten Kapitel in der Version 2.0 behandelt haben: Es unterscheidet zwischen der subjektiven und der objektiven Seite der Verantwortung, und es untergliedert die objektive Seite in eine intersubjektive und eine gegenständliche.

Die *subjektive* Seite können wir zur Bestimmung des Patronalen nicht heranziehen. Der persönlichen Wahrnehmungsverzerrung sind bekanntlich keine Grenzen gesetzt. Ich kann es schon als Ausdruck patronaler Verhältnisse lesen, wenn mein Gegenüber auf dem größeren Stuhl sitzt als ich. Wiewohl der vielleicht nur seinen Rückenproblemen geschuldet und womöglich noch privat bezahlt ist. Oder mein Chef erinnert mich rein äußerlich an meinen Vater und löst bei mir allein schon dadurch kindliche Reaktionsmuster hervor. Beschränken wir uns also auf die objektive Seite.

Das *Gegenständliche*, in dem sich Patronales offenbart, ist in aller Regel formal niedergelegt in Prozessdefinitionen, in Corporate-Governance- und Compliance-Vorschriften. Es lässt sich sehr einfach daran erkennen, wenn darin eine *Übersteuerungsmöglichkeit* vorgesehen ist. Wenn ich weiß, dass das, was ich als meine eigene Verantwortung sehe, dennoch von einer übergeordneten Sicht umgestoßen werden kann, wird meine Mündigkeit relativiert. Alle Mündigkeiten sind gleich, aber manche sind gleicher – möchte man die *Farm der Tiere* paraphrasieren. Und gemessen daran, dass heute die Zahl solcher Definitionen/Regelungen/Vorschriften in rasantem Tempo wächst, muss man sich nicht wundern, wenn die persönliche Verantwortungsbereitschaft proportional dazu schrumpft. Berichte über die erschreckend hohe Bereitschaft von (gerade auch höheren) Bankangestellten, bei passender Gelegenheit zu betrügen, sind hier wirklich sinnbildlich.

Das *Intersubjektive*, in dem sich Patronales offenbart, ist nicht weniger objektiv als solche formalen Regelungen. Es ist in Stein gemeißelt durch all das Nicht-Egalitäre, das in Belohnungs-, Status-, Privilegien- und anderen Regelungen festgelegt ist, welche primär Hierarchie sichtbar machen und mit der reinen Aufgabenerfüllung kaum etwas zu tun haben: Der Mann mit dem repräsentativsten Büro hat ja oft auch am meisten Termine außer Haus – und sein großartiges Büro steht dann leer. Ein Begriff wie «hohe Tiere» macht deutlich, dass andere kleiner sind. Oder eben, in der intersubjektiven Betrachtung, als dies gelten. Klein, kleiner, Kind – das Infantile liegt dann bald einmal nahe.

Ein CEO hat mir von seiner Überzeugung berichtet, dass er alles delegieren könne, nur nicht die Verantwortung. Das sehe ich anders. Denn seine Überzeugung verwechselt Delegation mit Arbeitsteilung. Dass er Aufgaben an andere verteilt, gehört völlig zu seiner Rolle. Darin besteht Arbeitsteilung. Delegation aber heißt, dabei auch die Verantwortung mit abzugeben. Und zwar die Verantwortung für die entsprechende Aufgabenerfüllung – nicht die Verantwortung des CEO. Die bleibt bei ihm, betrifft aber anderes. Zum Beispiel die Verantwortung dafür, die Aufgabe mit den richtigen Ressourcen dem Richtigen in Auftrag gegeben zu haben. Davon hatten wir es schon im letzten Kapitel. Hier ist es wieder aufzugreifen, weil dieser CEO seine (falsche) Überzeugung eben nur leben kann mit der Rückendeckung der intersubjektiven Sicht: Viele um ihn herum teilen sie, und erst das macht sie zu etwas objektiv Patronalem. Und entsprechend kann man sich darauf verlassen und sich im Bedarfsfall problemlos aus der eigenen Verantwortung stehlen.

Es ist interessant zu sehen, dass und wie sich das Intersubjektive wandelt. Lehrer etwa waren einmal Respektspersonen. Heute sind sie entweder ätzend oder, wenn sie es geschickt genug anstellen, cool. Krawatten waren mal das Accessoire von Respektspersonen. Heute erweist sich als wahrer Master, wer wie Sergio Marchionne jederzeit darauf verzichten kann und mit einem dunkelblauen Pullover sein eigenes Statussymbol zu setzen vermag. Weil das ursprünglich typische patronale Verhalten – Vorzimmerdame, Riesenbüro, man ist per Sie und so weiter – weitestgehend verschwunden ist, meinen manche «hohen Tiere», das Patronale schlechthin sei verschwunden. «Werch ein Illtum!», würde Ernst Jandl da sagen. Denn die Wirklichkeit besteht in dem, was wirkt. Und was wirkt, das findet seinen Niederschlag in der intersubjektiven Sicht. Wenn «man» etwas als patronal wahrnimmt, dann *ist* es patronal. Es kommt ja nicht von ungefähr, dass alle Experimente mit egalitären Lebens- oder Arbeitsformen geradezu hypersensibel darauf bedacht sind, alle Anzeichen zu vermeiden, die patronale Verhältnisse insinuieren könnten. Auch die Geschichte der Frauenemanzipation könnte hier Beispiele beisteuern. Und viele haben die Erfahrung gemacht, dass manches anstrengend wird, wenn man stets penibel auf dieses Thema achten muss.

Nun sollten wir aber noch einmal zum *Subjektiven* zurückkehren. Für die Bestimmung des Patronalen, so sagten wir oben, ist es nicht geeignet. Aber fürs Ignorieren des Patronalen sehr wohl!

Wer persönlich stark genug ist, kann sich der Dominanz des intersubjektiven «man» durchaus entziehen und seine eigene Sicht der Dinge wahren. Den einen fällt das leichter, den anderen schwerer. Aber möglich ist es. Darüber hinaus kann man sich sogar den Zwängen des Gegenständlich-Objektiven entziehen: Man muss da allenfalls bereit sein, Sanktionen zu tragen. Manche tun dies vornehmlich da, wo sie sich einen persönlichen Vorteil verschaffen können und das Risiko, erwischt zu werden, für tragbar erachten. Andere tun es aus höheren Motiven, im Sinne eines zivilen Ungehorsams etwa. In echter Verantwortung also. Bei dritten geschieht es aus einer ganz persönlichen, leicht anarchistischen Grundhaltung heraus: Patronales in jeder Form löst bei denen ein Jucken aus, gegen das nur Kratzen hilft.

Doch allein auf derartige subjektive Potenziale dürfen wir nicht zählen, wenn wir in einer Organisation konsequent auf Verantwortung setzen wollen. Denn Infantiles gedeiht nur dort nicht, wo das Patronale *wirklich* ausgemerzt ist.

Mündigkeit ist die Voraussetzung für die Übernahme persönlicher Verantwortung.

Selbstbestimmung, Unabhängigkeit und Autonomie – das macht Mündigkeit aus.

Mündigkeit gepaart mit Macht kann zu Herrschaft pervertieren.

Manager sind die Träger der formalen Macht in Organisationen, aber sie dürften auch einen Großteil der informellen Macht auf sich vereinen.

Daraus können patronale Verhältnisse entstehen, denen umgekehrt schnell infantiles Verhalten korrespondiert.

4 Sieben verführerische Gründe, keine Verantwortung zu übernehmen.

Vielleicht sind für manche Leser die ersten drei Kapitel dieses Buches etwas arg nach der Brecht'schen Diktion in der Dreigroschenoper – «Doch die Verhältnisse, sie sind nicht so.» – komponiert. Einer meiner Vorab-Leser warnte mich schon augenzwinkernd, das Ganze dürfe nicht zu einem Gewerkschaftsroman verkommen. Nichts läge mir ferner (obwohl ich insofern schlecht mitreden kann, als ich so eine Literaturgattung gar nicht aus eigener Anschauung kenne). Jedenfalls soll sich das folgende Kapitel ganz auf Individuen konzentrieren, ohne sie unablässig durch widrige Umstände zu entschuldigen und somit von persönlicher Verantwortung zu entbinden.

Warum scheuen sich viele Menschen, Verantwortung zu übernehmen? Wie es sich gehört, sind es sieben «Todsünden», die uns alle dazu verführen können. Nicht alle gleich. Nicht alle stets. Aber jederzeit präsent als verführerischer Ausweg aus der Last persönlicher Verantwortung.

Und natürlich stellt sich dann auch die Frage, warum sich nicht alle Menschen davon verführen lassen.

Bevor ich diese sieben Todsünden aber aufzähle und illustriere, sei etwas klargestellt: Mehrfach wird im Folgenden die Rede davon sein, «Verantwortung zu übernehmen» (oder eben auch nicht). Bitte verwechseln Sie dies nicht mit der Frage, ob jemand eine Position, eine Stelle oder ein Amt übernimmt (oder eben nicht). Der Zeitgeist hat angefangen, diese zwei Dinge locker zu vermischen, und insinuiert damit, dass der, der sich in eine Position befördern, wählen oder schubsen lässt, dann auch tatsächlich die Verantwortung für das übernimmt, was er dort tut oder lässt. Das ist jedoch keineswegs garantiert. Ob er die Verantwortung auch dann trägt, wenn er Mist gebaut hat oder nicht erfolgreich ist, das wird sich erst später erweisen. Es ist noch nicht einmal sicher, ob die betreffende Person selbst von Anfang an weiß, wie sie es künftig mit ihrer Verantwortung halten wird. Und all dies schließt ein, dass jemand gerade auch dadurch seine Verantwortung übernehmen kann, dass er ausdrücklich und mit guten Gründen auf eine Position, eine Stelle oder ein Amt verzichtet.

Verantwortung zu übernehmen, soll also ausschließlich heißen, bereit zu sein, über sein Handeln Rechenschaft abzulegen – und zwar aus der Überzeugung und dem Gefühl heraus, dieses Handeln letztlich selbst gewählt zu haben. Egal, was die Umstände waren und was andere vielleicht beigetragen haben. Das besteht freilich nicht bloß darin, sich hinzustellen und mannhaft zu verkünden: «Ich trage hierfür die volle Verantwortung!» – und es dann dabei bleiben zu lassen und zum *Courant normal* zurückzukehren.

Verantwortung übernehmen bedeutet vielmehr, den eigenen Anteil erkennen, dazu stehen und zwar einschließlich möglicher Konsequenzen, die man dann eben zu tragen bereit ist.

Nun also zu den sieben verführerischen Gründen, genau dies nicht zu tun.

Selbstschutz

Wer Verantwortung übernimmt, muss damit rechnen, zur Verantwortung gezogen zu werden. Das kann unangenehme Folgen mit sich bringen – vorausgesetzt, man hat nicht erfolgreich oder nicht erlaubt oder sonst irgendwie falsch gehandelt. Vielleicht sind diese Folgen rechtlicher Art. Vielleicht betreffen sie die eigene Reputation. Vielleicht bestehen sie aus einer Rüge des Vorgesetzten. Selbst persönliche Scham können wir hier nennen.

Es ist daher nicht verwunderlich, dass einen die *Angst* davor, auf diese Weise zu scheitern, davon abhält, Verantwortung zu übernehmen. Womöglich hat man auch eine übervorsichtige oder durchaus realistische Einschätzung der eigenen *Inkompetenz,* die einen ein Scheitern befürchten lässt.

Wer bei einer Aufgabe oder einem Problem primär das Gefühl von *Überforderung* empfindet, wird kaum geneigt sein, dafür Verantwortung zu übernehmen (das werde ich noch differenzieren). Denn Verantwortung braucht – wie schon mehrmals betont – einen entsprechenden Handlungsspielraum. Aber, so müssen wir nun hinzufügen, auch die Fähigkeit und die Mittel, diesen Handlungsspielraum zu nutzen.

Bei manchen Menschen häufen sich derartige negative Erlebnisse in einem Maße, dass sie die entsprechende Angst so sehr generalisieren, dass daraus ein *Mangel an Selbstbewusstsein* resultiert, der praktisch zu einem Persönlichkeitsmerkmal wird.

Hinter all diesen Motiven, keine Verantwortung zu übernehmen, steht als Gemeinsamkeit ein nachvollziehbares Bedürfnis nach *Selbstschutz.* So nachvollziehbar dieses Bedürfnis aber auch sein mag, wollen wir es hier trotzdem in die Liste unserer sieben Todsünden aufnehmen. Denn es ist ja nicht so, dass Menschen, die Verantwortung übernehmen, niemals Angst davor haben müssten zu scheitern. Oder dass sie sich niemals für etwas inkompetent fühlen würden. Oder dass für sie Überforderung ein Fremdwort wäre. Noch nicht einmal ein ungetrübtes Selbstbewusstsein zählt zu ihren unverzichtbaren Eigenheiten.

Trotzdem übernehmen sie aber Verantwortung! Es ist wie beim Mut: Mut heißt nicht, keine Angst zu haben. Mut heißt, seine Angst zu überwinden – also *trotz* seiner Angst zu handeln.

Wer primär auf seinen Selbstschutz bedacht ist, scheut nicht nur die Verantwortung, er überlässt sie damit anderen. *Deren* Bedürfnis nach Selbstschutz – ebenso legitim – scheint er damit nicht zu respektieren. Oder zumindest nicht zu bedenken.

Natürlich kann der Ausweg nicht heißen, jederzeit für alles Verantwortung übernehmen zu wollen. Manche Menschen tun das zwar, müssen daran aber früher oder später scheitern. Es geht um einen Trade-off: Wie setze ich mein legitimes Bedürfnis nach Selbstschutz in die Rechnung ein? Gegen welche anderen Bedürfnisse wäge ich es ab? Was sind zu befürchtende negative Folgen eines Tuns nicht nur für mich, sondern eben auch für andere?

Die Fairness einer solchen Buchhaltung entscheidet darüber, ob aus Gründen des Selbstschutzes nicht übernommene Verantwortung als Todsünde gelten soll oder nicht.

Simplifizierung

Wahrscheinlich stimmt es schon, dass die Welt nicht nur komplizierter, sondern auch komplexer geworden ist. Hauptsächlich, weil die Zahl der Akteure massiv gestiegen ist in den letzten Jahrzehnten, weil diese zudem viel vernetzter sind und weil die Rückkoppelungen zwischen den möglichen Aktionen vielfältiger und ihre Folgen oft sehr viel weitreichender geworden sind. Dazu kommt, dass sich die Dinge massiv beschleunigt haben, so dass man oft sehr viel weniger Zeit hat, die Folgen des eigenen Tuns sorgfältig genug zu reflektieren.

Es ist noch nicht so lange her, da genügte es, die Folgen des eigenen Tuns buchstäblich auf das eigene Tal begrenzt zu bedenken. Davon sind wir heute sehr weit weg. Die ökologischen und politischen Verflechtungen sind global geworden, und es ist kaum mehr möglich, alle auch indirekten Folgen des eigenen Tuns abzuschätzen.

Eine systemische Folge dieser wachsenden *Komplexität* besteht in *Verantwortungsdiffusion*: Es gibt häufig gleichzeitig vielfältige, mitunter widersprüchliche Verantwortlichkeiten (hier als Ursache/Grund/Schuld verstanden). Wenn ich als CEO auf einem hohen Bonus bestehe, stehe ich nicht nur in der Verantwortung gegenüber meinen Aktionären. Ich trage unter Umständen bei zu Abzockerexzessen – welche dann wiederum mein Tun als normal erscheinen lassen. Aber diese Wirkungen gehen über so viele Umwege, dass ich meine Verantwortung (genau wie meine Abzockerkollegen) nur noch sehr *ausgedünnt* und damit als bedeutungslos erlebe.

Eine andere häufige Reaktion auf hohe Komplexität, gepaart mit Verantwortungsdiffusion, besteht darin, die Dinge holzschnittartig zu vereinfachen. Diese *Simplifizierung* gehört auf unsere Liste der Todsünden, denn «entschuldbar» wäre sie nur bei nachweislicher *Dummheit*. Aber mancher, der sagt «Wenn ich das nicht mache, macht es eben ein anderer», weiß ganz genau, wie unzulässig eine solche Vereinfachung ist. Sie kommt ihm nur gelegen.

In aller Regel bestehen Simplifizierungen dieser Art überdies in einer *Unfähigkeit oder einem Unwillen zum Perspektivenwechsel.* Verantwortung ist ja etwas, das sich direkt oder indirekt auch auf andere Menschen bezieht: sei es, dass ich Verantwortung für andere (etwa als Führungskraft) habe oder dass ich Folgen meines Handelns zu verantworten habe, die auch andere betreffen. Diese Art der Verantwortung kann ich nur übernehmen, wenn ich willens und in der Lage bin, die Sache auch aus deren Perspektive zu betrachten. Und dann ist mir eine unbekümmerte Haltung des «Après moi le déluge» nicht mehr so ohne Weiteres möglich.

Wer sich jedoch umgekehrt auf die Komplexität der Welt einzustellen versucht, kommt unter Umständen rasch an seine Grenzen. Nicht nur, weil dann die Todsünde des Selbstschutzes näher rückt, sondern weil zunehmend mehr *Ambiguität* droht. Von vielen Dingen wissen wir heute nicht mehr, ob wir sie befürworten oder ablehnen sollen. Zu undurchschaubar sind ihre Auswirkungen. Wer die nötige Ambiguitätstoleranz aufweist, ist deswegen noch lange nicht in der Lage, mit all der Komplexität fertig zu werden. Aber er übernimmt die Verantwortung dafür, so und nicht anders entschieden zu haben – gerade auch dann, wenn sich später herausstellt, dass die Entscheidung falsch war. Die rasche Entscheidung von Captain Chesley B. «Sully» Sullenberger, am 15. Januar 2009 den US-Airways-Flug 1549 auf dem Hudson notzuwassern, wäre *nachträglich* viel schwieriger zu verantworten gewesen, wenn die Sache schiefgegangen wäre. Dank seinem Erfolg wurde er schlussendlich zum Helden. Aber seine Verantwortung musste er übernehmen, *bevor* er wusste, ob die Notlandung gelingen würde. Und es scheint, dass er dazu bereit war. Für die Abschätzung sämtlicher Pros und Cons hat er sicherlich nicht genug Zeit gehabt. Er hat aber der Simplifizierung widerstanden, bloß gehorsam und buchstäblich die

Vorschriften zu befolgen. Es ist davon auszugehen, dass er Verantwortung übernommen hat im Wissen darum, dass er die Komplexität seines Tuns (und der Alternativen) nicht einfach völlig im Griff haben konnte.

Profit

Nicht selten ist es schierer *Egoismus,* wenn jemand keine Verantwortung übernimmt. Er stiehlt sich aus der Verantwortung, sagt man dann. Ein treffender Begriff. Natürlich denken wir zuerst an hohe Politiker oder Unternehmenslenker, die erst die Sache in den Sand setzen und sich dann mit lauter faulen Ausreden, Schuldzuweisungen an andere oder an die Umstände und womöglich mit einer saftigen Abfindung oder als staatlich unterhaltener Rentner auf Lebenszeit davonmachen.

Aber es gibt auch das viel kleinmaßstäblichere Profitdenken von uns einfacheren Leuten. Auch wir profitieren nicht selten davon, Verantwortung nicht zu übernehmen. Ob es einfach der Profit der *Bequemlichkeit* ist, zum Beispiel gegen den Umweltschutz zu handeln, oder ob es der Profit der *Strafvermeidung* ist, wenn wir einen Fehler nicht zugeben (und man uns eben nicht erwischt hat) – der Profit sieht vielleicht weniger imposant aus als bei den Großen, aber unsere Motive sind ebenso niedrig. Und diese Art von Profitdenken verdient einen Platz auf der Liste unserer Todsünden. Zumindest strukturell. Konkret inhaltlich müsste man natürlich schon graduelle Abstufungen machen, denn nicht jeder konkrete Fall hat ja gleich üble Folgen. Aber wir wollen hier den Ausweg des «Ist ja nicht so schlimm!» versperrt lassen und für einmal ganz puristisch argumentieren – ohne die katholische Kategorie der lässlichen Sünden anzubieten. Diese Abstufung wäre allenfalls angebracht, wenn es um strafrechtliche Haftung und Verantwortlichkeit (also Haftbarmachung) geht. Für die Frage der Verantwortungs*übernahme* aber macht eine solche Abstufung keinen Sinn: Man ist ja auch nicht ein bisschen schwanger.

Einer der häufigsten Profite, die man anstrebt und deshalb nicht wirklich zu seiner Verantwortung steht, hört auf den schönen Namen

«Cover my ass». Wer diese Strategie beherrscht, fragt sich nicht, was nun seine Verantwortung in der Sache wäre, sondern, was er vorkehren müsse, um später nicht schuld zu sein, also nicht zur Verantwortung gezogen werden zu können. Das Motiv hierfür liegt sicherlich nahe bei simpler *Feigheit*.

Auf der anderen Seite der Skala gibt es Menschen, die ihre Verantwortung schon fast danach bemessen, dass sie etwas für richtig oder falsch beurteilen, *ohne* den eigenen Nutzen in Rechnung zu stellen. Nur selten ist solche Selbstlosigkeit wirklich selbstlos – denn es gibt auch den Profit zweiter Ordnung: Schaut mal, wie selbstlos ich für dies oder das die Verantwortung übernommen habe, und bewundert, lobt und liebt mich dafür!

Uneigennutz hält, so zynisch das klingen mag, genauerer Nachprüfung nur selten stand. Nicht einmal eine Mutter Theresa sah sich davon ausgenommen. Entsprechend vorsichtig muss man auch sein, wenn jemand ständig auf seiner Verantwortung herumreitet und sie (respektive ihre Last) zur Generalvollmacht für alles ummünzt, was er zu tun oder zu lassen beliebt. Es ist also nicht so, dass keinen Profit anstrebt, wer Verantwortung übernimmt. Es ist bloß nicht derselbe Profit, den man davon haben könnte, Verantwortung nicht zu übernehmen.

Selbstredend gibt es aber viele Menschen (auf allen Ebenen, keineswegs etwa nur im Top-Management oder in der Politik), die wirklich versuchen, ihre Verantwortung zu sehen und zu tragen. Sie verdienen unseren Respekt, und zwar unabhängig davon, ob sie gleichzeitig davon profitieren. Auf unserer Liste der Todsünden steht nur ein Profit, der uns dazu *verleiten* kann, uns aus der Verantwortung zu stehlen.

Diese Sicht ist nicht selbstverständlich. Es ist schon fast üblich geworden, denen, die öffentlich sichtbar Verantwortung übernehmen, zu misstrauen. Ob das «Chargierte» (also Funktionsträger) in Vereinen sind oder Politiker oder Führungskräfte: Nicht selten wird *nur* vermutet, hinter der Rolle lauere lediglich die Aussicht auf Profit. Da haben sich die Dinge gegenüber früher praktisch in ihr Gegenteil verkehrt. Man fragt sich, wieso. Sicherlich haben viele schlechte Beispiele dazu beigetragen. Aber Lumpen gab es früher auch schon (freilich war die Zahl der Nullen vor dem Komma bei unverantwortlichem Profitieren da meist noch geringer). Mir scheint, dass es manchmal ein Element der bereits beschriebenen Selbstschutz-Strategie ist, denen, die Verantwortung übernehmen, a priori zu misstrauen. Das entschuldigt mich, wenn ich keine Verantwortung übernehme, denn ich bin dann nicht einer von denen, die eh nur profitieren wollen. Man kann es sich wirklich einfach machen.

Der Fairness halber sei eingeräumt, dass es im Einzelfall viel schwieriger ist, die Echtheit oder Redlichkeit einer Motivation zu beurteilen, als wenn wir – wie hier – nur verschiedene Möglichkeiten aufzählen.

Fokus

Verantwortung ist nicht Verantwortung. Wer schon mal in die Welt des Verbrechens geschaut hat – und sei es nur in Krimis –, der weiß, dass sehr viele Verbrecher sehr wohl eine Verantwortung übernehmen: nämlich die für den Erfolg ihres Vorhabens. Sie haben auch die Konsequenzen zu tragen, wenn sie versagt haben. Der Rache des Clans etwa würde mitunter mancher Mafioso die Polizei und das Gefängnis vorziehen.

Wir haben es hier mit einer *Horizontverengung* zu tun. So wie es die Ganovenehre Menschen – die ansonsten lügen, stehlen, morden – verbietet, sich innerhalb der eigenen Gruppe nicht die Wahrheit zu sagen oder sich zu übervorteilen, so halten es manche (es brauchen keine Ganoven zu sein) mit der Verantwortung. Sie definieren einfach den *scope,* auf den sie ihren Fokus richten und in dem sie nach eigenem Maßstab ihre Verantwortung wahrnehmen.

Das kann der Polizist sein, der seinen Verbrecher so sehr um jeden Preis fangen will, dass er dabei selbst ununterbrochen das Recht bricht. Das kann der Manager sein, der im Dienste seines Aktionärs keinerlei Verantwortung für die ihm «anvertrauten» Mitarbeiterinnen und Mitarbeiter übernimmt, sondern in ihnen nur Lohnkosten sieht, die zu reduzieren in seiner Verantwortung sei. Das kann der Gewerkschafter sein, der im Dienste vermeintlicher sozialer Gerechtigkeit auch dann noch für seine Sache kämpft, wenn ein (Klein-) Unternehmen in der Folge dicht machen muss.

Hier haben wir es durchs Band mit Menschen zu tun, die im Brustton der Überzeugung darauf beharren würden, ihre Verantwortung zu übernehmen. Aus ihrer Sicht zu Recht. Nur im «Wofür» gehen die Sichtweisen dann auseinander: Wofür übernehmen sie ihre Verantwortung? Und das schließt ein: Wofür denn nicht?

Natürlich ist nicht jede Fokussierung eine Todsünde. Wenn jedoch die Sicht auf die eigene Verantwortung vom Grundsatz «Der Zweck heiligt die Mittel» geleitet wird, dann reduziert sich der Verantwortungsfokus eben auf den Zweck. Und er blendet die Mittel aus. Und diese Art von Fokus soll mit auf unsere Liste der Todsünden.

In betrieblichen Belangen kennt man dieses Problem, wenn auch weniger dramatisch, etwa als Silodenken, wo Führungskräfte nur für ihren eigenen Bereich schauen und sich um den Rest des Unternehmens foutieren. Daher verwundert es auch nicht, dass Berufskollegen von mir seit Jahren predigen, jeder müsse in der Lage sein, unternehmerisch zu denken. Und sie meinen jeden. Nicht etwa nur Führungskräfte. Diese Sicht der Dinge teile ich nicht. Verantwortung bedarf des Handlungsspielraums und der Möglichkeiten und Mittel, ihn zu nutzen. Beides haben viele nicht. Von ihnen zu verlangen, den Fokus ihrer Verantwortung aufs ganze Unternehmen auszuweiten, erscheint mir nicht fair. Ich würde bestenfalls erwarten, dass jeder versucht, die Folgen seines Tuns und Lassens bis (mindestens) an die Unternehmensgrenzen zu durchdenken. Ich sage aber «bestenfalls», denn auch dieses Anliegen setzt einen Informationsstand respektive -zugang voraus, der nur selten gegeben ist.

Eine analoge Fokus-Pathologie finden wir oftmals im privaten Bereich. Da wird zwar von niemandem «unternehmerisches Denken» gefordert, aber manche Menschen neigen dazu, sich nun für schlichtweg alles verantwortlich zu fühlen. Und sei es nur dafür, jemanden anderes nicht auf dessen Verantwortung aufmerksam gemacht zu haben. Ob wir es hier mit *overprotective mothers* zu tun haben oder mit Vätern, die an patronaler Selbstüberschätzung leiden, oder auch mit Kindern, die sich im Zweifel an einfach allem, was schiefgeht, als schuldig empfinden – die Freiheit, den Fokus unserer eigenen Verantwortung einzustellen, haben wir allemal. (Wobei die Kinder, im genannten Beispiel, natürlich erst lernen können müssten, diese Freiheit auch zu gebrauchen).

Menschen, die den Fokus gut (also weder zu eng noch zu weit) einzustellen wissen, verstehen es, auch die Verantwortung anderer mitzuberücksichtigen. Sie tun das jedoch nicht als Ausweichmanöver, um von der eigenen Verantwortung abzulenken. Vielmehr geht es ihnen um die gleichberechtigte Betrachtung aller Akteure auf dem Spielfeld.

Bias

Unter den unzähligen Biases – also Wahrnehmungsverzerrungen –, die in der Psychologie gut untersucht und belegt sind, sticht einer besonders heraus: Wir neigen dazu, Erfolge uns selbst zuzuschreiben. Misserfolge aber lasten wir anderen, den Umständen, seinem Pech oder dem Schicksal an. Nehmen Sie sich da bitte nicht aus. Wir alle machen das mindestens ab und zu. Denn wir alle neigen zu diesem Bias. Dieser Bias gehört auf die Liste unserer Todsünden, weil es im Kontext der Verantwortungsfrage zu billig ist, sich dieser Art von psychologischer Selbstüberlistung ungehemmt und ohne weitere Reflexion zu überlassen.

Für die Wahrnehmung dessen, was wir für unsere Verantwortung halten (oder eben nicht), kann so ein Bias nämlich nicht ohne Folgen bleiben. Ein systematischer Fehler in der *Erfolgs-/Misserfolgsattribution* ist ja nicht etwas, das uns im aktuellen Fall einfach so bewusst ist. Es ist eher wie ein blinder Fleck. Den sehen wir definitionsgemäß nicht.

Wenn wir aber ganz allgemein von diesem Problem wissen, dann können wir uns auf die Suche machen: Überschätze ich womöglich meinen Anteil am Erfolg? Habe ich nicht vielleicht doch einen gewissen Anteil am Misserfolg? Auch nach blinden Flecken kann man gezielt suchen, wenn man seine Position variiert und ganz bewusst verschiedene Standpunkte einnimmt.

Das tun allerdings viele Menschen nicht, denn der Bias in der Erfolgs-/Misserfolgsattribution gibt einem gute Gefühle und dämpft allfällige schlechte Empfindungen. Ein bewährtes Rezept für die menschliche Psyche!

Dementsprechend lesen sich auch viele Rechtfertigungen nach Misserfolgen von Politikern oder Wirtschaftsführern und die Beteuerungen öffentlich überführter Steuersünder oder anderer Missetäter. Schuld waren andere. Oder es waren zu viele widrige Umstände. Im Zweifelsfall wars der starke Schweizer Franken... Wichtig ist dabei, dass das Thema der Verantwortung nichts damit zu tun hat, ob tatsächlich andere mit schuld waren (solche gibt es meistens) oder ob die Umstände widrig waren (das sind sie oft) oder ob... Unter allen Umständen gibt es einen *eigenen Anteil*. Und die Frage ist, ob man zu dem steht und seine Verantwortung dafür übernimmt.

Und umgekehrt haben Erfolge bekanntlich viele Väter – und jeder von denen ist sich seiner alleinigen Vaterschaft überaus sicher. Aber wie schon Bertolt Brecht in seinen *Fragen eines lesenden Arbeiters* unter anderen Beispielen bemerkte: «Cäsar schlug die Gallier. Hatte er nicht wenigstens einen Koch bei sich?» Seinen eigenen Anteil bei einer Erfolgsgeschichte zu sehen und zu verantworten, macht wohl den wenigsten Menschen Mühe. Die bescheideneren unter ihnen tragen ihren Anteil vielleicht nicht so demonstrativ vor sich her wie andere. Die Frage aber ist, wer in seiner Verantwortungssicht auch den Anteil des Brecht'schen Kochs am Erfolg würdigt. Da zeigt es sich, ob jemand den Bias in der Erfolgs-/Misserfolgsattribution zu handhaben versteht und – wie oben gesagt – eine gleichberechtigte Betrachtung aller Akteure auf dem Spielfeld schafft.

Reaktion

Wer die Initiative ergreift und eine Aktion plant, stellt sich die Frage der Verantwortung vermutlich eher als jemand, der sein Tun nur als Reaktion versteht – auf wen oder was, sei dahingestellt. Wer beispielsweise geschlagen wird und zurückschlägt, wird die Frage nach seiner

Verantwortung anders beantworten, als wenn er zuerst zugeschlagen hätte. Dieser geistige Kurzschluss – ich *musste* ja reagieren – ist natürlich unzulässig, wiewohl man ihn gut nachempfinden kann. Er ist unzulässig, weil sich strukturell am Verantwortungsthema absolut nichts ändert, egal ob jemand agiert oder reagiert.

Ohnehin ist es oft Interpretationssache, *wer* denn nun agiert und wer reagiert habe. Im zweiten Kapitel habe ich dieses Thema als die Psychologie des *Interpunktionsproblems* bereits eingeführt. Es gibt nun aber eine zeitgeistige Entwicklung in den letzten Jahren, die geeignet ist, uns mehr und mehr in die Reaktionsecke zu stellen. Dieser Entwicklung wurde bereits von der früheren britischen Premierministerin Margaret Thatcher im Dienste der Durchsetzung ihrer neoliberalen Wirtschaftspolitik der Boden bereitet. Man nennt sie *Tina:* «There is no alternative.»

So durchsichtig die Tina-Behauptung meist ist – so gerne lässt man sie sich gefallen, wenn es einem erlaubt, sich damit aus der Verantwortung zu stehlen. Ich konnte nicht anders. Es gab keine Alternative. «Man» musste so handeln.

Seit der Thatcher-Aera in den Achtzigerjahren des letzten Jahrhunderts hat sich das Problem aber verschärft. Hans Ulrich Gumbrecht spricht von einer *breiten Gegenwart.* Damit meint er, dass wir uns heute zunehmend nicht mehr als (politische) Gestalter der Zukunft verstehen. Stattdessen hangeln wir uns schlecht und recht durch die Gegenwart und versuchen, auf die vielfältigen Herausforderungen, die sich jedem von uns darin stellen, möglichst adäquat zu reagieren. Die Zukunft wird zu etwas, das irgendwie auf uns zukommt – wie das Wetter, das wir ja auch nicht beeinflussen können. Es kann erfreulich werden. Oder bedrohlich. Und so scheint es heute vielen Menschen mit der Zukunft zu gehen. Sie ist nichts, auf das man Einfluss nehmen könnte. Sie kommt einfach. Und man wird sehen.

Für die einen ist es Grund zur Besorgnis, für die anderen Anlass für Hoffnung. Beide aber entwickeln ihre jeweilige Haltung einfach aus ihrem Charakter heraus – nicht auf der Basis unterschiedlicher «meteorologischer» Messungen und Daten. Es ist wie bei dem müden Beispiel vom Optimisten und vom Pessimisten: Für den einen ist das Glas halb voll, für den anderen halb leer. Manche sagen, während sich die beiden noch darüber streiten würden, hätte der Opportunist das Glas schon ausgetrunken... Für einmal sollten wir diese Art von Opportunismus freilich positiv sehen. Zumindest packt einer da eine Chance. Aber auch er *schafft* keine Opportunitäten.

Während unsere bisher besprochenen Todsünden häufig eher auf das Tun als auf das Lassen gemünzt waren, ist dies bei der sechsten Todsünde, der Reaktion, anders: Wer nur reagiert, stellt sich nicht mehr die Frage, was er selbst aktiv *unternehmen* könnte – und zwar im Hinblick auf eine wünschenswerte Zukunft.

Daraus können wir nun freilich nicht schließen, es gäbe eine Art moralischer Straftatbestand «Unterlassene Hilfeleistung für die Zukunft der Welt». Die Zahl der Handlungsoptionen, die wir täglich *nicht* wählen, obwohl sie denkbar und möglich wäre, ist im Prinzip unendlich. Daraus darf man uns keinen Strick drehen. Und doch ist es Teil unserer Verantwortung, zu sehen, dass wir mit jeder gewählten Option andere ausschließen. Niemand kann von uns verlangen, da stets eine vollständige Buchhaltung führen zu müssen. Das wäre unmöglich. Andererseits ist es auch nicht gerade verboten, sich ab und zu grundsätzliche Fragen zu stellen. Warum manage ich noch weitere zehn Jahre einen Hedge Fund, und warum engagiere ich mich nicht stattdessen für ein Hilfswerk? Die Fragen dürfen auch weniger kitschig sein.

Die meisten von uns sind nicht zu dem gezwungen, was sie tun. Und tatsächlich gibt es viele eindrückliche Beispiele von Menschen, die daraus zu Recht und mit aller Konsequenz abgeleitet haben, dass Tina nicht gilt. Dass sie Alternativen haben. Und dass sie sich für diese entscheiden.

Gehorsam

Meinem Buch «Hierarchie» habe ich das hier auch schon erwähnte Zitat von Hannah Arendt vorangestellt: «Wir sind auch für unseren Gehorsam verantwortlich.» Sich aus seiner Verantwortung zu stehlen, indem man sich auf Vorschriften, Befehle und Gesetze oder Ähnliches beruft, ist dann eine hier aufzulistende Todsünde, wenn man das Gleiche ohne diese Vorschriften, Befehle und Gesetze aus persönlicher Überzeugung niemals getan hätte.

Wer gegen seine persönliche Überzeugung handelt, trägt dafür die Verantwortung.

Vielleicht ist der *Gehorsam* gegenüber Autoritäten gerade aus dem Grund eine der stärksten und wohl folgenreichsten Todsünden in unserer Liste, weil er uns so leicht dazu verführen kann, die eigene Verantwortung nicht mehr zu sehen. Man attestiert uns dafür ja auch noch eitel Lob: Loyalität, Pflichtbewusstsein, Rechtschaffenheit und eben Gehorsam selbst werden uns von Kindesbeinen an als hohe moralische Werte eingeimpft. Nur gerade die Vaterlandsliebe ist ein wenig aus der Mode gekommen.

Dabei müssten sich jedem, der die Geschichte des letzten Jahrhunderts auch nur ein wenig kennt, die Nackenhaare kräuseln angesichts dieser unreflektierten Sicht. Ich behaupte sogar, dass es die blinde Liebe zum Gehorsam (und seiner Verantwortungsentlastungsfunktion) ist, die alle Hierarchien mehr stützt als die Machtbewahrungsstrategien der Mächtigen selbst. Herrschaft wird von unten getragen. Oder zerschlagen.

An der Gehorsamsverweigerung lässt sich vielleicht am besten ablesen, wie es jemand mit der Verantwortung hält. Man muss nicht gerade an Tyrannenmord und heldischen Widerstandskampf denken. Zivilcourage – ein sicheres Zeichen von Verantwortungsbewusstsein – beginnt eben genau im Zivilen, im Alltag.

Natürlich kann man nicht einfach Ungehorsam mit Verantwortung gleichsetzen. Aber man sieht in Fällen von Ungehorsam eher, *wie* jemand seine Verantwortung versteht, als in Fällen von Gehorsam. Umgekehrt verhält es sich mit der *Verbindlichkeit*. Sie mag ausschauen wie Gehorsam – weil sie sich an Abmachungen hält. Aber sie tut das eben aus freien Stücken, nicht wie der Gehorsam – der sich nur an Anordnungen hält. Wenn man einschätzen kann, wie sich bei einem Menschen Gehorsam/Ungehorsam sowie Verbindlichkeit/Unverbindlichkeit zeigen, weiß man wahrscheinlich recht gut, wie er seine persönliche Verantwortung sieht und ob er dazu steht oder nicht.

Am Beispiel des Gehorsams können wir erkennen, was sich auch bei den anderen Todsünden schon abgezeichnet hat: Verantwortung zu übernehmen führt absolut nicht in jedem Fall zu einem schönen, friedlichen, glücklichen Leben. Nicht selten führt es vielleicht sogar zum Gegenteil. Man muss Verantwortung schon als *Wert per se* verstehen, um alles in Kauf zu nehmen, was damit an negativen persönlichen Konsequenzen verbunden sein kann. Aber dafür ist Verantwortung etwas vom wenigen, das uns Menschen tatsächlich von allen anderen Tieren zu unterscheiden vermag.

Drei abschließende Bemerkungen:

Erstens, im Einzelfall dürften die meisten der hier genannten Todsünden nicht isoliert vorkommen. Vermutlich ist es eher die Regel, dass sie *alle*, wenn auch in unterschiedlichem Ausmaß, beteiligt sind, wenn ein Mensch Verantwortung nicht übernimmt. Außerdem ist nicht auszuschließen, dass es weitere, hier nicht erwähnte, Todsünden gibt, die auch noch hineinwirken. Wir dürfen uns das als eine Art *7+-Kräfteparallelogramm* vorstellen: Sieben (oder allenfalls noch mehr) verführerische Gründe zerren an uns, keine Verantwortung zu übernehmen. Diese Gründe (oder auch Motive) sind sehr unterschiedlich, und so ergibt sich in Summe ein Kräfteparallelogramm, das aufgrund seiner vielfältigen Rückkoppelungsmechanismen nicht gerade leicht durchschaubar ist. Das kann es schwierig machen, die entsprechenden Todsünden bei sich selbst zu erkennen.

Zweitens, die Reflexion der sieben aufgelisteten Todsünden hat beiläufig gezeigt, dass das Thema der Verantwortung schwankt zwischen sehr konkreten, situations- und fallbezogenen Elementen und übergreifenden, schon fast als Persönlichkeitsdisposition zu sehenden Elementen. Ich halte dies für unvermeidbar. Auch wenn es wohl nicht selten die Quelle für Missverständnisse oder zumindest Verständnisunterschiede sein kann, wenn geklärt werden soll, ob jemand seine Verantwortung zu übernehmen in der Lage ist oder nicht.

Drittens, der Terminus der «Todsünden» ist logischerweise eine *Überzeichnung*. Das begriffliche Überzeichnen sollte Sie einfach dazu anregen, sich von Ihrem eigenen undurchschaubaren Kräfteparallelogramm nicht so leicht einnebeln zu lassen – sondern sich Ihrer Verantwortung zu stellen. Wenn aber schon bei den «richtigen» sieben Todsünden aus der klassischen Theologie – Eitelkeit, Habgier, Wollust, Wut, Maßlosigkeit, Neid und Trägheit des Herzens – unübersehbar gilt, dass wir alle nicht gänzlich frei davon sind, wie sollte es dann anders sein bei dem hier ausgebreiteten Katalog der sieben Verführungen zur Flucht aus der Verantwortung?

5 Verantwortung gibt Antworten: Wer stellt die Fragen?

Viktor E. Frankl, der Psychiater, der vier Konzentrationslager überlebte, hat klargestellt, dass es «eigentlich nie und nimmer darauf ankommt, was wir vom Leben noch zu erwarten haben, vielmehr lediglich darauf: was das Leben von uns erwartet!» (Frankl 1977, S. 117). Wenn also Verantwortung unsere Art ist, Antworten bezüglich unseres Tuns und Lassens zu geben, so gilt es zu überlegen, wer denn die Fragen stellt. Offenbar das Leben.

Greifen wir noch einmal auf das Janus-Modell zurück und gliedern die verschiedenen Weisen, auf die das Leben Fragen an uns stellt, danach. Wir beginnen bei der objektiven Seite und besprechen beim Gegenständlichen die jemandem gestellte *Aufgabe* und die *Rolle*, die er hat. Beim Intersubjektiven unterscheiden wir als äußersten Kreis das *«man»*, etwas näher das, was englisch als *significant others* bezeichnet wird, und am dichtesten beim Individuum schließlich seine *Nächsten*. Auf der subjektiven Seite werden wir sodann das *Ich* betrachten, das Fragen an sich selbst stellt. In Abbildung 2 (siehe nächste Seite) werden die Sichtweisen im Überblick dargestellt, ohne das Bild des doppelgesichtigen Gottes Janus noch einmal einzubauen.

Diese Untergliederung macht natürlich nur didaktisch Sinn, denn es liegt auf der Hand, dass sich die hier unterschiedenen sechs Weisen, Fragen an uns zu stellen, im Leben überschneiden und dass eine solche Systematik nicht abschließend sein kann.

Um Missverständnisse zu vermeiden, mag es sinnvoll sein, schon vor der Darstellung dieser sechs Aspekte etwas klarzustellen, das Frankl eine *Dimensionalontologie* nennt (Abbildung 3, nächste Seite).

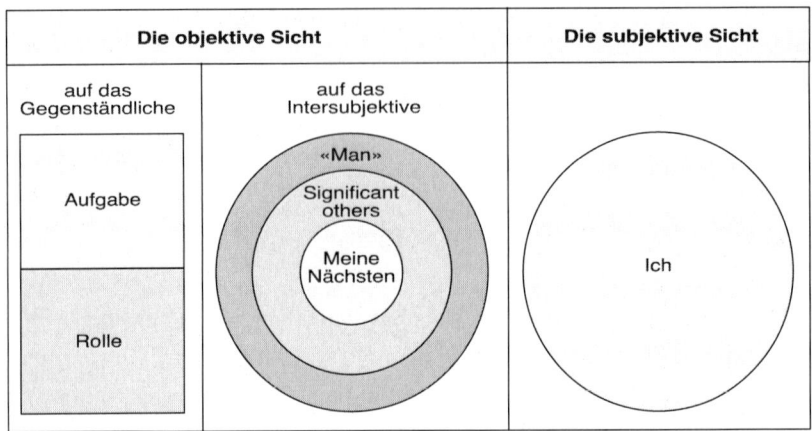

Abbildung 2:   Auf welche Weisen stellt das Leben Fragen an uns?

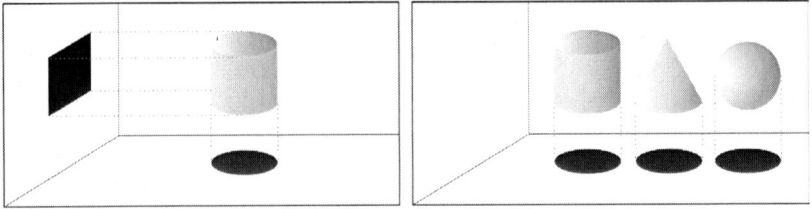

Abbildung 3:   Dimensionalontologie nach Frankl (1977, S. 24 f.).

Je nach unserer Sicht auf die Dinge präsentiert sich ein und derselbe Gegenstand komplett unterschiedlich (linkes Bild), oder in Wirklichkeit verschiedene Gegenstände sehen exakt gleich aus (rechtes Bild). Dies sollten wir bedenken, wenn wir im Folgenden das Augenmerk meist nur auf je *eine* der in Abbildung 2 angekündigten Perspektiven richten. Frankls Dimensionalontologie ist sehr viel differenzierter als meine Kurzfassung hier, und wozu sie uns in Bezug auf das Verantwortungsthema dient, soll erst nach den sechs einzelperspektivischen Darstellungen besprochen werden.

Die Aufgabe

In manchen Fällen ist uns eine Aufgabe einfach gestellt. Beispielsweise müssen wir uns einfach ernähren. In anderen Fällen haben wir uns für eine Aufgabe entschieden, aus irgendwelchen Motiven heraus. Dies gilt oft für Beruf wie auch für Hobbys. Und in wiederum anderen Fällen sehen wir uns zu einer Aufgabe gezwungen, weil wir die Folgen fürchten, wenn wir sie ablehnten. Auch dies kommt beispielsweise im Beruf vor. Indem wir eine Aufgabe – aus welcher dieser drei Gruppen auch immer – übernommen haben, setzen wir uns damit ein Ziel, das wir erreichen wollen. Und von dem Moment an begrenzen wir unsere Verantwortung in aller Regel darauf, dieses Ziel zu erreichen, die Aufgabe also zu erfüllen. In der Folge fühlt sich die Verantwortung für unterschiedlichste Aufgaben und Ziele im Prinzip gleich an. So lange man sich nicht (mehr) fragt, wie es zur Übernahme dieser Aufgabe gekommen ist (und wie man diese Übernahme verantwortet), kann man den Betrieb eines Konzentrationslagers ebenso «pflichtbewusst» wie das Führen eines Kinderpflegeheims verantworten. Es soll erfolgreich und reibungslos erfolgen und die gesteckten Ziele erreichen.

Mit dieser drastischen Gegenüberstellung wird verdeutlicht, dass es primär die *Übernahme* einer Aufgabe ist, die vollumfänglich verkörpert, was wir – um mit Frankl zu sprechen – dem Leben auf seine Frage antworten. Das, was wir als Aufgabe übernehmen, verkörpert die von uns damit wahrgenommene Verantwortung. So schön das «Führen eines Kinderpflegeheims» (im Vergleich zum Betrieb eines Konzentrationslagers) auch klingt: Es kann gleichwohl sein, dass wir die Aufgabe so verstehen (und übernehmen), wie das im Rumänien Ceausescus der Fall war – und psychisch schwerst geschädigte Kinder produziert hat. Und wenn wir unter größtem Zwang die Aufgabe eines Capos* im Kon-

---

*   Capos (auch: Kapos) nannte man in den Konzentrationslagern von Nazideutschland im zweiten Weltkrieg Häftlinge, die zur Überwachung der anderen Häftlinge eingesetzt wurden. Sie waren oft besonders brutal. Einerseits, weil sie selbst davon Vorteile hatten und Privilegien erhielten, andererseits, weil besonders sadistische Personen (zum Beispiel Schwerverbrecher) gezielt für diese Rolle ausgewählt wurden.

zentrationslager übernehmen, so zeigt auch dies, wie wir unsere Verantwortung verstehen. Denn wir hätten auch ablehnen können. Wenn auch wahrscheinlich um den Preis unseres Lebens.

Wir haben immer eine Wahl. Das gilt sogar für die erstgenannte Gruppe der Aufgaben, die das Leben uns stellt. Nehmen wir das Beispiel der Ernährung. Menschen können sich dazu entscheiden, beispielsweise im Interesse eines politischen Ideals, das sie durchsetzen wollen, in den Hungerstreik zu treten. Vielleicht bis zum eigenen Tod. Nur der Mensch kennt diese Wahlfreiheit. Haie treten nicht in Hungerstreik.

Worauf ich hinaus will: Es ist *unsere Wahl*, welcher Aufgabe wir uns verpflichten und wie wir sie verstehen. Und wie wir diese Wahl treffen, stellt die Antwort dar, die wir dem Leben auf seine Frage geben. Daher verkörpert diese Wahl, wie wir unsere Verantwortung wahrnehmen.

Die Rolle

Eng verknüpft mit der Aufgabe ist die Rolle, aus der heraus wir – beruflich oder auch nicht – agieren. Ich habe die Rolle hier noch dem Gegenständlichen zugeschlagen, wiewohl sie genuin natürlich dem Intersubjektiven zuzuordnen ist: Es sind intersubjektive Übereinkünfte, die Rollen definieren. Aber im beruflichen Umfeld (und das ist in diesem Buch ja mehrheitlich im Zentrum) haben sich Rollen oft aus ihrem vormaligen sozialen Kontext herausgelöst, sie wurden vergegenständlicht und in zum Beispiel AKVs fixiert (Aufgabe, Kompetenz, Verantwortung).

Aber dennoch verbleibt es auch hier in meiner Wahlfreiheit, eine Rolle so oder anders zu verstehen. Ja, sie zu übernehmen oder nicht. *Ob* und *wie* ich das tue und lebe, ist wiederum die Verkörperung dessen, was ich als meine Verantwortung wahrnehme.

Während ich vielleicht meine, mich bei der Aufgabe aus meiner Verantwortung stehlen zu können, indem ich dem scheinbar geheiligten Zweck alle Mittel unterordne, kann ich mich bei der Rolle auf Vorgaben und Vorschriften berufen. Zwingend ist dies freilich nicht. Sondern meine Wahl. Für die ich allerdings die Folgen trage.

Erschwerend kommt bei der Rolle dazu, dass sie sozial eingebunden bleibt. Eine Rolle ist eben eine Rolle *neben* anderen Rollen. (Bei Aufgaben ist dies nicht zwingend der Fall: Robinson Crusoe stand vor Aufgaben, aber er hatte – bevor Freitag kam – keine Rolle.) Wie ich meine Verantwortung wahrnehme, äußert sich da auch in der *Interaktion* oder *Kooperation* mit anderen. Die gilt für das Verhältnis von mir als Vorgesetztem zu meinen Mitarbeiterinnen und Mitarbeitern ebenso wie von mir als Mitarbeiter gegenüber meinem Vorgesetzten. Oder von mir zu meinen Kollegen. Oder von mir zu Kunden und so weiter.

Durch die Art, wie ich meine Rolle interpretiere (und damit faktisch verantworte), greife ich «gegenständlich» ein in die Möglichkeiten der anderen, *ihre* Rolle wiederum zu sehen und *ihre* Verantwortung wahrzunehmen. Denn: *It takes two to tango.*

Spätestens jetzt wird klar, dass ich in diesem Buch unter Verantwortung nicht einfach das verstehe, was mir jemand *expressis verbis* auf die Frage *antwortet,* wo er seine Verantwortung denn sehe. Es ist das, was er dem Leben antwortet, *indem* er eine Aufgabe und eine Rolle übernimmt – und *wie* er das tut. Das kann sich decken mit seinen Worten – aber nicht selten sind diese Worte nur Rationalisierungen für etwas, das er tut, obwohl es im *Widerspruch* steht zu anderen Zielen, Überzeugungen oder Bedürfnissen, die er eben *auch* hat.

Dieses Widerspruchsproblem wird uns noch beschäftigen. Doch sehen wir uns zunächst an, auf welche intersubjektive Weisen uns das Leben Fragen stellt.

«Man»

Nicht selten ist es nicht namentlich klar, wer unser Tun und Lassen beeinflusst. Es braucht weder unser Chef noch unser Ehepartner zu sein, der Erwartungen an uns stellt, die wir überaus ernst nehmen. Es können kulturelle Selbstverständlichkeiten sein, oder es ist «die» Gesellschaft – der Imperativ der Erwartungen kann sehr stark sein. Natürlich entstehen die Erwartungen in unseren Köpfen – aber eben nicht im luftleeren Raum.

Früher war es für eine Frau vielleicht klar, dass man von ihr erwartete, Kinder auf die Welt zu stellen und den Haushalt für diese und den Ehemann zu besorgen. Heute ist der Druck auf Jugendliche, in den *social media* dabei zu sein, vielleicht ebenso groß. Dennoch gab und gibt es auch Individuen, die sich solchem Druck entziehen.

Und wiederum ist es *mein* Umgang mit derartigen Erwartungen, der zum Ausdruck bringt, wie ich meine Verantwortung wahrnehme und lebe. Er ist *meine* Art, dem (sozialen) Leben auf seine Fragen zu antworten.

Natürlich besteht das «man» nicht aus allen Menschen der Erde. Der Kreis ist meist kleiner, aber er ist nicht vorgegeben, sondern *gewählt*. Das Beispiel des Kopftuchtragens veranschaulicht derzeit recht schön, was passiert, wenn die Kreise, die physisch auf gleichem Raum zusammenlebende Menschen in dieser Hinsicht ziehen, nicht deckungsgleich sind. Innerbetrieblich gibt es analoge Disparitäten, je nachdem, ob sich jemand am sozialen «man» anderer Führungskräfte orientiert oder am «man» der ganzen Belegschaft oder am «man» seiner (inner- oder außerbetrieblichen) Konkurrenten. Lohnvergleiche und -begründungen lassen grüßen. Ökologisch (vielleicht auch religiös) wiederum gibt es durchaus Menschen, die ihre Verantwortung am Wohl und den (unterstellten) Erwartungen der gesamten Menschheit messen.

Es ist unsere Wahl des Radius des «man», die unsere Verantwortung zum Ausdruck bringt.

Significant others

Bedeutungsvolle Dritte sind für uns Menschen, mit denen wir in einer engen wechselseitigen Beziehung stecken. Dazu gehören Familien-, Freundes- und Liebesbeziehungen. Dazu gehören auch arbeitsnotwendige hierarchische und Zusammenarbeits-Beziehungen. Dazu gehören Kunden-/Lieferantenverhältnisse und so weiter.

In den Zeiten der *social media* sind derartige Beziehungen auch gar nicht mehr auf physischen Kontakt angewiesen, und der Unterschied zum oben besprochenen «man» wird auch fließend. Etwa wenn wir auf

Facebook hunderte Menschen unsere «Freunde» nennen, mit denen wir noch nie ein Wort gewechselt haben.

Wir sind stets in kooperative und kommunikative Netzwerke eingebunden, und aus diesen sprechen Erwartungen zu uns. Egal, was uns in eine solche soziale Beziehung hineingeführt hat, sobald wir drin sind, beginnt das Spiel der Erwartungen. Und wir sind ununterbrochen daran, mit diesen Erwartungen irgendwie umzugehen. Natürlich läuft dies nicht in allen Fällen besonders bewusst und reflektiert ab – aber *de facto* zeigt sich wiederum in unserer Art, wie wir damit umgehen, wie wir unsere Verantwortung wahrnehmen.

Man kann sich fragen, ob die Grenzen unserer Gruppe die Grenzen unserer Verantwortung sind. Denn bei den Nächsten, die wir im folgenden Abschnitt ansprechen werden, haben wir ja oft keine Wahl – man kann seine Familienmitgliedschaft nicht kündigen, man bleibt die Tochter seiner Mutter, der Sohn seines Vaters. Aber viele andere *significant others* haben wir gewählt – und wir können ihnen im Prinzip auch wieder aus dem Weg gehen.

Es gibt im *Kleinen Prinzen* von Antoine de Saint-Exupéry diese Stelle, wo der Fuchs bemerkt: «Du bist zeitlebens für das verantwortlich, was du dir vertraut gemacht hast.» Jemanden in den Kreis seiner *significant others* zu holen – oder ihn auch bloß darin zu dulden –, bringt bereits Verantwortung mit sich. Das berühmte «Drum prüfe, wer sich ewig bindet…» sollten wir heute vielleicht weniger bei der Heirat bedenken (denn die kennt wenigstens ein ordentliches Scheidungsverfahren), als bei all jenen Bindungen, die wir sonst noch eingehen.

Jede eingegangene soziale Bindung eröffnet einen Kanal für vielfältige Erwartungen, die wir zum Zeitpunkt, wo wir die Bindung eingehen, noch überhaupt nicht überblicken können. Und später können die Erwartungen uns in die Bredouille bringen, weil wir uns selbst vielleicht nach dem Muster «Wer A sagt, muss auch B sagen» in der Verantwortung sehen. Dabei könnten wir uns auch jederzeit sagen: Wer A sagt, muss noch lange nicht B sagen. Er kann auch einsehen, dass A falsch war.

Die Nächsten

Die biblischen Nächsten, die wir angeblich so lieben sollen wie uns selbst, waren nie einfach alle Menschen. Ich möchte den Begriff hier insofern umgekehrt biblisch verwenden, als ich den Kreis danach bemesse, für wen wir denn dieses Gebot tatsächlich akzeptieren würden. Für viele Menschen umfasst dieser Kreis der Nächsten die Familie (während für manche Menschen der Begriff «Familienbande» nach Karl Kraus ja als Singular zu verstehen ist ...) und natürlich meine engsten Freunde. Die Nächsten sind in jedem Fall *meine* Nächsten.

Natürlich sind diese meine Nächsten im soeben besprochenen Kreis der *significant others* bereits enthalten (im «man» ja schließlich auch). Aber im Erwartungsspiel, das für unser Verantwortungsthema relevant ist, stehen sie auf einer besonderen Position.

Diese besondere Position rührt daher, dass wir im Kreis der Nächsten nicht nach Wunsch Lebensfelder auch einfach aussparen können. Hier liegt der Brennpunkt, in dem sich die Art und Weise, wie wir ansonsten – in ganz anderen Bereichen – auf die Fragen des Lebens antworten, zusammenfließen. Ein Familienvater lässt sehr oft seine Frau und seine Kinder «ausbaden», was er offenbar für seine Verantwortung in der Arbeit hält. Jugendliche können ihre Berufswahl – die ja nun einen erheblichen Teil ihrer Zukunft verantwortet – oft nicht selbstständig treffen. Und so weiter.

Verschärft werden diese Verstrickungen durch mannigfache Rückkopplungen: Etwa dann, wenn Jugendliche überhaupt nicht das tun, was sie für sich eigentlich tun wollen würden – einfach weil sie sich von den Eltern oder etwa schulischen Autoritäten abgrenzen müssen, um sich selbst zu finden.

Bevor wir nun aber zur subjektiven Seite von Janus und damit zu den Erwartungen kommen, die ich an mich selbst stelle, sei am Beispiel der Nächsten illustriert, was die Verantwortungsfrage eben so besonders schwierig macht: Manch ein Entscheid im Leben stellt einen *Bifurka-*

*tionspunkt** dar – also einen Punkt, der sich, vielleicht auch erst nachträglich, als eine Weggabelung erweist –, wo Weichen gestellt wurden, die weit in die Zukunft hinein reichen: Wer weiß denn schon, was er tut, wenn er Kinder kriegt? Es ist in keinem rationalen Sinn begründbar, wie ich meine Verantwortung wahrzunehmen gedenke, wenn ich Kinder in die Welt setze. Aber wenn ich es getan habe, dann resultieren daraus in der Folge vielfältigste Erwartungen – und zwar während Jahrzehnten –, die ich täglich wieder neu werde verantworten müssen. Und zwar ohne dass ich auf die ursprüngliche Bifurkation zurückgehen und diesmal anders wählen könnte.

Am Beispiel eigener Kinder wird die Sache nur besonders deutlich. Aber im Prinzip gilt das Problem, dass all meine Entscheide im Lichte bereits getroffener Entscheide zu treffen und zu beurteilen sind, für alle Weisen, auf die das Leben Fragen an uns stellt.

Ich

Die besprochenen ersten fünf Weisen, wie das Leben Fragen an uns stellt, entstammten allesamt der objektiven Seite von Janus. Scheinbar erst jetzt räumen wir dem Ich auch noch eine aktive Rolle ein. Dieser Eindruck täuscht aber. Es war ja ausnahmslos *unsere* Antwort auf die gestellten Fragen, die als faktischer Ausdruck unserer Verantwortung verstanden werden sollte.

Dennoch stellen wir natürlich auch selbst an uns Fragen. Dies tun wir auf der bewussten Ebene: Wir reflektieren und fragen uns, wie wir unsere Verantwortung in einer konkreten Situation sehen sollen. Die Antworten, die wir darauf geben (und die auch diesmal unsere Verantwortung verkörpern sollen), *können* bewusst sein, aber sie müssen es nicht. Insbesondere müssen die bewusst gegebenen, *expliziten* Antwor-

93

---

* Eine Bifurkation ist eine Weggabelung – aber als solche oft erst im Nachhinein erkennbar. Viele Lebensereignisse werden im Moment als unbedeutend erlebt, erweisen sich aber später als entscheidende Weichenstellungen. Umgekehrt werden viele Dinge als sehr wichtig erlebt – und später haben sie überhaupt keine Bedeutung mehr, so dass man sie dann nicht mehr als Bifurkationspunkt werten würde.

ten nicht mit der faktischen Art und Weise übereinstimmen, mit der wir die an uns gestellten Fragen *implizit* beantworten. Die Führungskraft, die behauptet, viel mehr Zeit mit ihrer Familie verbringen zu wollen, aber nie vor 21 Uhr abends nach Hause kommt und am Wochenende stapelweise Mails fürs Geschäft erledigt, zeigt durch ihr faktisches Verhalten, wie sie ihre Verantwortung *wirklich* sieht – ungeachtet all ihrer Behauptungen und Ausreden.

Wenn ein kleiner Exkurs gestattet ist: Hier zeigt sich nun sehr deutlich die Erklärungskraft dessen, was wir mit der russischen *Tätigkeitspsychologie* sensu Leontjew schon vor Jahrzehnten gelernt haben. Leontjew gliedert den Strom des Verhaltens in Operation, Handlung und Tätigkeit. Konkrete *Operationen* orientieren sich an den gegenständlichen Bedingungen. Maßstab für das, was als *Handlung* gelten soll, ist ein bewusstes Ziel. Und eingebettet ist dies alles in eine *Tätigkeit*. Deren tatsächlicher Gegenstand ist nach Leontjew (1982) ihr *Motiv*. In Bezug auf unsere (bewussten) Ziele darf man unseren expliziten Aussagen durchaus Glauben schenken (unsere Redlichkeit einmal vorausgesetzt). Wir wissen, was wir als Handlungsziel anstreben. Was aber unsere Motive angeht, so müssen wir oft selbst aus dem tatsächlichen Gegenstand unserer Tätigkeit herauslesen, was das tatsächlich leitende Motiv implizit ist oder war.

Gleichzeitig ist dies die Verkörperung davon, wie wir unsere Verantwortung wahrnehmen. Ob wir sie selbst auch so *sehen,* ist eine andere Frage, denn die im vorangehenden Kapitel erörterten sieben Todsünden können uns ja jederzeit davon abhalten, uns unserer Verantwortung tatsächlich zu stellen.

Die Welt ist ein Protokoll

Am Anfang dieses Kapitels habe ich auf die Frankl'sche Dimensionalontologie verwiesen und angekündigt, darauf zurückzukommen. Wenn Sie sich Abbildung 3 noch einmal vor Augen halten, so wird nun deutlich, worin das Problem besteht: Wenn wir den Zylinder der Verantwortung als Rechteck oder als Kreis projizieren, ist das *unsere* Wahl.

Wenn wir so unterschiedliche Erwartungen an uns, wie sie durch Zylinder, Kegel oder Kugel symbolisiert sind, stets auf die genau gleiche Weise projizieren, dann ist das *unsere* Wahl. Und im richtigen Leben müssen wir die Widersprüche und *Mehrdeutigkeiten*, die solche Wahlen beinhalten, letztlich doch irgendwie wieder *integrieren* können.

Um dies zu konkretisieren: Wer den bildlichen Zylinder seiner Verantwortung nur unter *einer* einzigen Projektion betrachtet, beispielsweise der Erwartung seines Chefs, der hat zunächst den Kreis seiner *significant others* außerordentlich eng gezogen. Und er blendet überdies die anderen möglichen Projektionen («man», seine Nächsten, er selbst oder auch seine Aufgabe und die Rolle) einfach aus. Aber damit *verschwinden* die noch lange nicht. Sie alle stellen in Tat und Wahrheit auch Fragen an ihn – er überhört diese einfach nur. Und das zeigt, wie er seine Verantwortung wahrnimmt.

Das Geflecht der Fragen, die das Leben an uns stellt, ist unendlich komplex und schwer zu durchschauen. Trotzdem bilden all unsere Antworten darauf unsere Verantwortung. Wenn wir auch noch die Zeitachse berücksichtigen und in Rechnung stellen, wie wir mit gewissen Arten, die Fragen des Lebens zu beantworten, Bifurkationen setzen und damit die Weichen heute so stellen, dass die Fragen, die das Leben morgen oder übermorgen an uns stellt, womöglich weitgehend präjudiziert sind, dann wird es wahrhaft schwierig.

Viktor E. Frankl macht es uns noch schwieriger, indem er klarstellt, dass die Welt nicht ein Manuskript ist, das wir zu entziffern haben (und überwiegend nicht so recht verstehen), sondern *ein Protokoll, das wir zu diktieren haben* (1977, S. 30).

Zu lesen und zu verstehen haben wir aber all die vielen Seiten des Protokolls, die wir in unserem bisherigen Leben schon diktiert haben. Darin steht, wie wir unsere Verantwortung bislang wahrgenommen haben. Wir müssen *lernen*, dieses Protokoll zu lesen, und wir müssen *akzeptieren*, dass wir selbst es waren, die es diktiert haben.

Nicht alles, was da steht, wird uns erfreuen. Wir können natürlich wieder auf den bewährten Katalog der sieben Todsünden aus dem vierten Kapitel zurückgreifen und so aus unserer Verantwortung fliehen. Aber wir können uns dem Protokoll auch stellen – und zwar mit all den Widersprüchlichkeiten und Mehrdeutigkeiten, die es zwangsläufig enthält. Ich kann mir kein Leben vorstellen, dessen Protokoll keine Widersprüche oder Mehrdeutigkeiten enthält. Es wäre auch witzlos, ein solches Leben anzustreben. Die Widersprüche und Mehrdeutigkeiten zu sehen und auszuhalten, ist die *eine* Verantwortung. Die *andere* ist, die künftigen Entscheide unseres Lebens im Lichte dessen zu treffen und zu verantworten, was wir in unser Lebensprotokoll bereits hineingeschrieben haben.

Unser Lebensauftrag – hinsichtlich des Verantwortungsthemas natürlich nur – besteht darin, auch Widersprüchliches (Abbildung 3, links) und Mehrdeutiges (Abbildung 3, rechts) zu integrieren. Es ist wie beim stereotaktischen Sehen: Beide Augen liefern dem Gehirn ein leicht unterschiedliches Bild. Das Gehirn schafft es, daraus *eine* dreidimensionale Wahrnehmung zu komponieren.

Die Integration unserer widersprüchlichen und mehrdeutigen Protokolleinträge zeigt uns, was uns wirklich wichtig ist. Welches die zentralen Werte sind, auf die wir unser Handeln tatsächlich überwiegend ausrichten. Welche Muster tauchen gehäuft auf? Welche Melodie dominiert? In welcher Sprache ist unser Lebensprotokoll verfasst? – Lesen Sie sich Ihre Metapher selbst aus. Was wir herausfinden müssen, ist, wodurch der Polarstern ausgezeichnet ist, an dem wir uns ausrichten. Der Polarstern ist nicht etwas, das wir auf unserer Reise jemals erreichen werden. Es ist etwas, nach dem wir unsere nächsten Schritte – und Protokolleinträge – ausrichten können.

Wenn wir dies im Rückblick auf unser bisheriges Leben redlich tun, dann müssen wir uns im Vorgriff auf unser künftiges Leben fragen, ob wir fortfahren können oder ob wir einen Kurswechsel benötigen.

Verantwortung wahrzunehmen ist also erst in zweiter Linie eine *Soll-Frage*. In erster Linie ist es eine *Ist-* bzw. *War-Frage*. Alles andere liefe darauf hinaus, auf unser Leben einen Zuckerguss zu schmieren und diesen für den Kuchen selbst zu halten.

Auch hier können wir übrigens von unserem Gehirn lernen: Nur zwanzig Prozent von dem, was unser Hirn optisch zu sehen meint, stammt aus dem Lichteinfall in die Netzhaut. Achtzig Prozent stammen aus dem Gehirn selbst. Wir prüfen unsere hypothetischen Erwartungen im Lichte dessen, was uns die Außenwelt visuell präsentiert. Ganz ähnlich verhält es sich mit der Verantwortung. Wir fangen nicht einfach bei Null an. Wie wir unsere Verantwortung konkret wahrnehmen, tun wir im Lichte dessen, wie wir Verantwortung bislang wahrgenommen haben.

Muster unseres Lebensprotokolls

Damit stellt sich die Frage, wie wir die Muster der Verantwortung in unserem Lebensprotokoll erkennen können. In den Fokus unserer Recherche sollten wir dabei die drei *Hauptstraßen* (Frankl 1977, S. 47) nehmen, auf denen wir im Leben Sinn finden können – denn in ihnen verkörpert sich, was uns wirklich wichtig ist. Nur das ist Maßstab für die Verantwortung, die wir in unserem Lebensprotokoll ja herausdestillieren wollen. Nicht die vielen Nebenstraßen, auf die wir uns schon oft verirrt haben und noch oft verirren werden. Diese Hauptstraßen sind die *Tat,* die *Liebe* und das *Schicksal.*

Bei der *Tat* geht es darum, die Motive zu ergründen, die in unseren Tätigkeiten (wie wir sie oben im Verständnis von Leontjew kennengelernt haben) vergegenständlicht sind. Wer sein Leben lang dem Geld nachgerannt ist, wird hier anderes finden als jemand, der stets sozial engagiert oder wissenschaftlich interessiert war.

Bei der *Liebe* geht es darum, uns zu fragen, was die Bindungen ausmacht, auf die wir uns einlassen. Konkret: Was bestimmt die oben umschriebenen Kreise des Intersubjektiven, von denen wir uns Fragen stellen lassen. Wer sich stets nur mit Gleichgesinnten umgibt und die Bestätigung sucht, wird etwas anderes finden als der, der offen ist und sich einer sozialen Vielfalt aussetzt.

Beim *Schicksal* schließlich geht es darum zu sehen, wie wir mit Ereignissen und Vorfällen umgehen, die sozusagen über uns herfallen, die wir vielleicht nicht gewünscht und mit denen wir auch nicht unbedingt gerechnet haben. Krankheit, Unfall, der Verlust von geliebten Menschen und berufliche Schicksalsschläge mögen Beispiele sein. Aber, wie Untersuchungen zeigen, gilt Analoges durchaus auch für überraschend Erfreuliches, einen Riesen-Lottogewinn beispielsweise. Wer aus solchen Erlebnissen etwas Gutes zu machen versteht und bereit ist, seine eigene Verantwortung zu sehen, entwickelt sich dabei anders als jemand, der sich auf die Opferrolle zurückzieht und jede Verantwortung beim Rest der Welt sieht.

Wenn wir nun auf diesen drei Hauptstraßen nach Mustern suchen, um selbst gut zu verstehen, wie wir in unserem Leben Verantwortung sehen, dann liegt die Gefahr und das Bedürfnis nahe, eine *Typologie* zu erkennen: Es gibt Verantwortungssucher und Verantwortungsmeider! Es gibt solche, die die Verantwortung grundsätzlich bei sich sehen, und solche, die sie stets bei anderen sehen! Es gibt die, denen Verantwortung überhaupt wichtig ist, und die, die Verantwortung gar nicht interessiert! Diese Zuteilungen sind nachvollziehbar. Kurt Tucholsky hat einmal gesagt: «Es gibt solche und solche. Und dann gibt es noch solche.» Das ist zweifellos richtig. Doch mit dem Schubladisieren von Menschen ist es eben so eine Sache: Man ist dabei wohl meist ungerecht und wohl immer zu undifferenziert. Auch wenn man es auf sich selbst bezieht.

Es scheint mir deshalb zielführender, wenn wir unsere *Mustersuche* in Sachen Verantwortung im Protokoll unseres Lebens (auf den drei Hauptstraßen: Tat, Liebe und Schicksal) *heuristisch* gestalten: Wir können bewusst und gezielt darauf achten, wo wir eher Verantwortungssucher und wo eher Verantwortungsmeider waren. Wo wir die Verantwortung offenbar bei uns, wo bei den anderen sahen. Ob wir uns die Frage nach der Verantwortung überhaupt jeweils gestellt haben oder nicht.

Wenn sich aus dieser Suche dominierende Muster ergeben: akzeptiert. Aber es gibt keinen Grund anzunehmen, jeder von uns gehöre in genau *eine* Schublade. Und zwar in *jedem* Lebensfeld.

Was tun mit den Mustern?

Wenn wir Muster erkennen in der Art, wie wir unsere Verantwortung wahrnehmen, dann lässt sich fragen, wie wir sie bewerten sollen. Die Antwort darauf ergibt sich aus dem Preis, den wir dafür bezahlen, und dem Gewinn, den wir daraus ziehen. Wenn jemand beispielsweise erkennt, dass er sich eigentlich *a priori* für alle und alles verantwortlich fühlt, ist das *per se* noch nicht zu bewerten. Wenn der Preis aus leicht erhöhtem Aufwand besteht und der Gewinn aus allseitig erfahrener Achtung und Zuneigung: *à la bonheur!* Wenn aber der Gewinn bei annähernd Null liegt und der Preis in einem massiven Mehraufwand sowie dem unbeabsichtigten Effekt, dass alle anderen tatsächlich keinerlei Verantwortung mehr bei sich sehen – dann müsste man das Muster ändern (vgl. Schmale-Riedel, 2016).

Sicher ist eines: Wenn sich durch unser Lebensprotokoll, das wir der Welt bisher diktiert haben, solche wiederkehrenden Muster ziehen, dann ist die Chance groß, dass wir in unserem Umgang mit der Verantwortung schon bald wieder das gleiche (oder die gleichen) Muster zeigen werden. *More of the same* ist ein in Vielem bewährtes Prozedere unserer Psyche. Aber stets angebracht ist es eben nicht.

Eine Einschränkung ist freilich wichtig: Für unseren eigenen Umgang mit Verantwortung sollten wir nicht in eine *Hyper-Reflexion* verfallen. Wie das Meiste im Leben sollten wir auch Reflexion mit Maß betreiben. Wenn wir mit dem Lauf unseres Lebens zufrieden sind und wir keinen erkennbaren Anlass haben, uns die Verantwortungsfrage generell – also nicht nur im einzelnen Entscheidungsfall – zu stellen, dann sollten wir uns nicht pausenlos «hinterfragen». Denn sonst ist das Hintersinnen nicht weit.

Doch da, wo für unser Empfinden das Verhältnis zwischen Gewinn und Preis in unserem Leben nicht (mehr) stimmt, da lohnt es sich wohl, die Muster der Verantwortung in unserem Lebensprotokoll zu überprüfen. Und das Analoge gilt da, wo wir im Umgang mit anderen Menschen in Schwierigkeiten geraten mit *deren* Art, Verantwortung wahrzunehmen oder eben nicht. Dann ist es an der Zeit, über *ihre* Muster nachzudenken und möglichst mit ihnen zu reden. In der Führung und in betrieblicher Zusammenarbeit ein nicht gerade seltener Fall.

Wir sind ja nicht nur allein auf dieser Welt und haben die Fragen zu beantworten, die das Leben an uns stellt. Wir sind auch Teil des Lebens anderer Menschen und haben das Recht, Fragen an sie zu stellen. Natürlich liegt es wiederum auf der Hand, dass die Art und Weise, *wie* wir das tun, verrät, wie wir es mit unserer eigenen Verantwortung halten.

Das Leben kennt verschiedene Wege, uns die Fragen zu stellen, die wir zu beantworten haben.

Mit der Aufgabe, der wir uns stellen, haben wir eine Wahl getroffen, die eine bestimmte Verantwortung impliziert.

Die Rolle, die wir übernehmen, zeigt, wie wir Verantwortung verstehen,

In Vielem lassen wir uns von dem leiten, was «man» von uns erwartet.

Stärker noch beeinflussen uns «significant others», am meisten wohl unsere Nächsten.

Aber letztlich entscheiden wir selbst: Die Welt ist für uns ein Protokoll, das wir zu diktieren haben.

6 Wider die Atomisierung! Wozu wir nicht alleine auf der Welt sind.

Adam war kein Mensch. Erst mit Eva wurde er einer. Das ist die Er- kenntnis aus dem, was man im Konstruktivismus die «strukturelle Kopplung dritter Art» nennt.

Strukturelle Kopplung

Lassen Sie mich dazu einen *Exkurs* machen: Die chilenischen Biologen Humberto R. Maturana und Francisco J. Varela haben mit ihrem Buch «Der Baum der Erkenntnis» die vielleicht wichtigste Grundlegung für den Konstruktivismus geschaffen. Der Konstruktivismus begreift unseren Zugang zur Welt als unsere aktiven *Konstruktionen*, nicht als irgendwelche passiven Abbilder. Wir sehen die Welt nicht, wie sie ist. Sondern die Welt ist (für uns), wie wir sie sehen.

Strukturelle Kopplung bezeichnet nach Maturana und Varela das Phänomen, wonach sich Systeme so aneinander binden und aufeinander zurückwirken können, dass daraus etwas entsteht, das ohne diese Kopplung nicht möglich gewesen wäre. In der strukturellen Kopplung *erster Ordnung* verbinden sich auf diese Weise biologische Zellen zu Organen. Ich muss jetzt etwas arg vereinfachen: Eine einzelne Leberzelle ist nicht in der Lage, Alkohol abzubauen. Der Verbund – oder eben die strukturelle Kopplung – vieler Leberzellen zu einem Organ, der Leber, aber sehr wohl. In der strukturellen Kopplung *zweiter Ordnung* verbinden sich biologische Organe zu einem Organismus. Keines dieser Organe ist für sich allein lebensfähig – in ihrer strukturellen Kopplung ist es der Organismus dann jedoch sehr wohl. Freilich nur, wenn zumindest die wichtigsten dieser Organe in die strukturelle Kopplung eingebunden sind (auf eine Niere können Sie noch verzichten, auf das Herz nicht).

Die strukturelle Kopplung *dritter Ordnung* ist dem Menschen als einzigem Organismus vorbehalten. Es ist der *besondere* Verbund von Menschen in Gruppen und sozialen Systemen: Nur beim Menschen ist diese strukturelle Kopplung derart stark und wechselwirkend, weil nur der Mensch Sprache (und später Schrift) hervorgebracht hat. Damit ist eine Art von Kommunikation und Kooperation möglich, die auch indirekt funktionieren kann («...ich habe gehört, der und der habe gesagt...»). In dieser Art gibt es das nur beim Menschen. (Aber wie bei allen «Nur-beim-Menschen»-Aussagen muss man sehen, dass vieles bei den höheren Tierarten bereits angelegt ist. Aber das ist nicht unser Thema hier.)

Aufgrund der für die Menschwerdung zentralen Rolle dieser strukturellen Kopplung dritter Ordnung habe ich das eingangs erwähnte Bild von Adam und Eva verwendet. Bedeutsam ist das Thema aber nicht nur für die Menschwerdung – also in der Optik der *Phylogenese*. Es ist auch wichtig für die *Ontogenese,* also den Entwicklungsprozess eines einzelnen Individuums vom Säugling zum Erwachsenen.

Während die meisten Tiere kurz nach der Geburt überlebensfähig sind, braucht der Mensch ein ganzes Jahr, bis er den gleichen Stand erreicht hat. Und er kann dies *nur* in sozialer Interaktion. Der Basler Zoologe Adolf Portmann hat deshalb vom *extra-uterinen Frühjahr* gesprochen. Babys, denen in diesem ersten Lebensjahr alle sozialen Kontakte verwehrt sind, verkümmern und können niemals mehr «normal» werden.

All dies kommt Ihnen, falls Sie die vorangegangenen Kapitel gelesen haben, bekannt vor. Es ist der biologische Ursprung und die Begründung für das, was wir bisher unter dem Begriff des *Intersubjektiven* besprochen hatten.

Das Intersubjektive im Kleinen

In unserer bisherigen Darstellung haben wir neben *objektiven* Realitäten (wie zum Beispiel die Gravitation) und *subjektiven* Realitäten (wie etwa ein Schmerzempfinden, für das sich gar keine objektive Ursache finden lassen muss) die *intersubjektiven* Realitäten gestellt. Zu den letzteren gehören Dinge wie Geld, Staaten, Firmen, Gott/Götter und so weiter. Sie existieren, solange genügend Menschen daran glauben. Im Empfinden des Subjekts sind sie meist nicht weniger objektiv als die objektiven Realitäten, aber der Unterschied ist gewaltig. Das Intersubjektive ist das spezifisch Menschliche, auf das der Titel dieses Kapitels anspielt – denn *dazu* (nicht deshalb!) sind wir nicht alleine auf der Welt, sondern können (kommunikativ gekoppelt über Sprache und Schrift) das leben, was für die menschliche Spezies besonders ist.

All dies ist die sozusagen großmaßstäbliche Betrachtung. Bei näherer Betrachtung sehen wir, dass alle sozialen Interaktionen im Kern ursprünglich *direkt* waren – zwischenmenschlich, in persönlicher Kommunikation. Erst daraus sind dann (über Sprache, später Schrift und jüngst alle anderen technischen Kommunikationsmedien) die *indirekten* Formen der Entstehung und Pflege des Intersubjektiven entstanden.

Die direkte Auseinandersetzung mit Menschen in kleinen *Gruppen* oder *Dyaden* ist also zentral für das menschliche Dasein.

Und damit kehren wir nun endlich zum Thema dieses Buchs zurück: Zur *Verantwortung*. Bis jetzt haben wir das Thema der Verantwortung zwar unter objektiven, intersubjektiven und subjektiven *Einflüssen* betrachtet, aber – zumindest implizit – letztlich im Kopf eines Individuums stattfinden lassen. Unsere ganze Darstellung ließ meist *ein* jeweils gedachtes Individuum seine Verantwortung entweder wahrnehmen oder nicht – respektive so oder anders sehen.

Warum eigentlich? Muss Verantwortung ein individuelles Phänomen sein?

Wider die Atomisierung

Individuum ist lateinisch und heißt das gleiche wie Atom im Griechischen: das *Unteilbare*. Wenn wir unser Thema stets nur aufs Individuum beziehen, dann führt das zu einer Atomisierung unserer Betrachtung, die Wichtiges verkennt oder ausblendet.

Natürlich kann man unter psychologischem Blickwinkel argumentieren, letztlich sei die wahrgenommene oder eben nicht wahrgenommene Verantwortung ein individuelles Phänomen. Die Gefahr dabei ist aber, dass wir dann bei – zum Beispiel führungsmäßigen – Bemühungen, Menschen Verantwortung wahrnehmen zu lassen, auch nur beim Individuum ansetzen. Von da ist es zu einem Moralisieren der Thematik nicht mehr weit: Du *sollst* Verantwortung übernehmen! Gewiss sind auch manche Argumente in diesem Buch nicht selten in diese Falle getappt. Speziell auch noch unter der Betonung: *Du* sollst Verantwortung übernehmen!

Wenn wir nun aber statt auf Individuen (in unserem Bild: Atome) auf kleine Netze von Rollen (bildlich: Moleküle) fokussieren, so können wir dies unter zwei Gesichtspunkten tun: Erstens, wie kann in einem Kollektiv die Verantwortung eines *Einzelnen* ausgehandelt werden? Zweitens, kann man auch einem ganzen solchen *Kollektiv* Verantwortung übertragen, respektive kann ein Kollektiv als Ganzes Verantwortung übernehmen?

Der Einzelne im Kollektiv

Die Frage der Verantwortung stellt sich ja im normalen Leben nur selten so, dass man ganz allein darüber nachgrübelt, was denn die eigene Verantwortung sei. Bis man schließlich zu einem Entschluss kommt und handelt (oder eben nicht).

Vielmehr sind wir überall in *kommunikative und kooperative Zusammenhänge* eingebunden. Und *dort* stellt sich die Frage der Verantwortung. Sie ist aber nicht nur ein Diskussions- und Aushandlungsgegenstand im quasi luftleeren Raum, sondern es gibt Rahmenbedingungen, formale Zuständigkeiten, Compliance-Vorschriften, Anordnungen von vorgesetzten Stellen und vieles mehr. Kurzum: Sehr oft stellt sich die Frage der Verantwortung *überhaupt nicht:* Man erfährt von anderen, was man zu tun hat. Und wenn man sich nötigenfalls rückversichert hat bei ihnen, was man als die eigene Aufgabe, Rolle, Pflicht, Zuständigkeit, als das eigene Ziel oder To-do verstanden hat, dann ist alles klar. Vielleicht braucht es noch eine Abstimmung oder Klärung bezüglich eines etwaigen Vermeidens oder Lassens oder Verhinderns – auf ganz analoge Weise – und wiederum ist alles klar.

Verantwortung kommt als explizites Thema bei all dem kaum je vor. Ein Geflecht von Erwartungsäußerungen respektive -klärungen und korrespondierenden Fähigkeiten und Tugenden – Pflichtbewusstsein, Sorgfalt, Zuverlässigkeit, Anstand, Redlichkeit etwa – packen den Alltag hinreichend ein. Auch ohne dass jemandem das Thema «Verantwortung» überhaupt fehlen würde. Wo also kommt Verantwortung überhaupt ins Spiel?

Auslöser für das *Anrufen des Verantwortungsthemas* kann sein, dass etwas schiefgegangen ist und daran abgelesen wird, dass offenbar unterschiedliche Verständnisse in Bezug auf Aufgabe, Rolle, Pflicht, Zuständigkeit, Ziel, To-do, Vermeiden, Lassen oder Verhindern herrschten. Wer dann Verantwortung ins Spiel bringt, meint meist Verantwortlichkeit im Sinne einer Haftbarkeit und dazugehöriger Schuldzuweisung. Und er bezieht sich meist auf andere, nicht auf sich selbst.

Auslöser kann auch sein, dass sich das maßgebliche Kollektiv verändert, in dem sich jemand zuvor rückversichert hatte. Wenn sich der Verwaltungsratspräsident einer Großbank mit seinen Incentive-Beratern abgestimmt hat, dass er und sein Top-Management nicht verantwortlich seien für die enormen Verluste, die die Bank schreibt, und deshalb auf ihre exorbitanten Boni ein Recht hätten, dann ist für ihn alles in Ordnung. Wenn die Öffentlichkeit dann davon Kenntnis erhält und sich gehörig empört, stellt sich die Verantwortungsfrage offenkundig plötzlich völlig anders.

Auslöser für das Anrufen des Verantwortungsthemas kann aber auch sein, wenn ein Schaden angerichtet worden ist, der nach Sühne ruft.

Dann kann beispielsweise der CEO eines großen Zementproduzenten sich hinstellen und sagen, er übernehme die volle Verantwortung dafür, dass jemand im Unternehmen sich gröbste Compliance-Verstöße in gewissen Ländern habe zuschulden kommen lassen. Und deshalb trete er zurück. Verantwortung wird hierbei zu einer stellvertretenden Sühne, denn der CEO beteuert, von den Unrechtmäßigkeiten nichts gewusst zu haben. Da wir nicht wissen, unter welchen materiellen Bedingungen er geht, können wir nicht beurteilen, was dieser Entscheid für ihn bedeutet. Wir wissen auch nicht, ob er ihn selbst getroffen hat oder dazu gedrängt wurde. Es kann ja auch sein, dass sein Verwaltungsratspräsident eine eigene Verantwortung darin gesehen hat, möglichst zügig einen Sündenbock zu opfern, um den Zorn der Götter – sprich der Aktionäre und der Öffentlichkeit – zu besänftigen.

Aus all dem ersehen wir, dass es für den Einzelnen im Kollektiv sehr schwierig sein kann, sich auf seine Verantwortung zu besinnen: Erst wird sie sehr oft gar nicht angesprochen. Und wenn sie angesprochen wird, dann weil der Schaden schon angerichtet ist. Und schließlich sieht er sich einem Kollektiv gegenüber, das keineswegs konstant und verlässlich ist, sondern höchst volatil – in seiner Zusammensetzung wie in seiner Haltung.

Als wäre dies nicht alles schon heikel genug, beobachten wir heute ein künstliches und formales Aufbauschen dessen, was dem Einzelnen als Kollektiv (oder als mehrere Kollektive) gegenübersteht. Schon in «Hierarchie – Das Ende eines Erfolgsrezepts» habe ich gelästert, man brauche heute für den Betrieb einer Quartiersbäckerei eine Person fürs Aufbacken der Fertigwaren, eine Person fürs Verkaufen im Laden sowie sechs Juristen als Compliance Officers zur Überwachung der beiden Erstgenannten. Ein Top-Manager schrieb mir kürzlich: «Nach meinem Empfinden sagen immer mehr ‹andere›, welche Verantwortung konkret zu tragen ist und was das in der Konsequenz bedeutet (gesellschaftlicher Mainstream, Finma, VR, Social Media, aktuelles Verständnis des Teamspirit und so weiter). Dies im Gegensatz zur immer stärker betonten ‹Individualisierung› (digitale Möglichkeiten) und Selbstbestimmung. Es gibt nur noch die Entscheidung: Entweder man ist dabei (und so, wie das verlangt wird) oder man ist out. Diese Entscheidung bleibt natürlich beim Einzelnen – ist aber faktisch in vielerlei Hinsicht (Existenz) schwierig aufzulösen. Die Toleranz – auch gegenüber dem Thema Verantwortung – verschiebt sich vom Einzelnen hin zum Kollektiv». Ich stimme seiner Einschätzung zu und ergänze: Völlig ausgeblendet wird bei dieser Entwicklung, dass Überregulierungen oft dazu führen, reichhaltige *Gegenintelligenz* zum Umgehen der Regulierungen freizusetzen. Nicht selten erschöpft sich der Beitrag des Kollektivs aus der Optik des Einzelnen gerade darin: Wege zu finden, die Regulierung auszutricksen, ohne erwischt zu werden.

Es könnte auch anders sein. Das Kollektiv könnte als Sparringpartner und Resonanzkörper für den Einzelnen fungieren. Verantwortung könnte zum gemeinsamen Reflexionsgegenstand in einem expliziten Diskurs werden. Dies setzte zweierlei voraus: Zum einen müsste das Thema zur Sprache kommen, *bevor* einer der oben genannten Auslöser vorliegt – denn sonst geht es rasch um Schuldzuweisungen und Selbstverteidigung. Zum anderen aber müsste das Kollektiv das «Richtige» sein. Das ist es dann nicht, wenn es faktisch schon eine ganz bestimmte Sicht auf das Verantwortungsthema verkörpert – so dass Alternativen kaum diskutiert werden. (Incentive-Berater schlagen kaum je vor, mit dem ganzen Bonusmist abzufahren. Oder: Manche Manager umgeben sich mit Ja-Sagern. Und so fort.) Vielleicht sollte man sich auf die Rolle von Hofnarren zurückbesinnen...

Der Einzelne gegen das Kollektiv

Das Kollektiv hat das Potenzial, dem Einzelnen bei der Besinnung auf seine Verantwortung eine Hilfe zu sein. Es kann aber auch der Auslöser dafür sein, dass sich der Einzelne – in bewusster Abgrenzung zum Kollektiv – die Wahrnehmung seiner Verantwortung überhaupt erst formt. Dies setzt voraus, dass man als Einzelner in seiner *Ich-Entwicklung**

---

[*] Forschungen vor allem von Jane Loevinger und Susanne Cook-Greuter in den USA sowie

weit genug vorangeschritten ist, um sich nicht nur in Konformität an anderen auszurichten. Und man muss über ein explizites Wertesystem verfügen, das gewissermaßen Alarm schlägt, wenn die Haltung des Kollektivs droht, einen oder mehrere der eigenen Werte zu verletzen.

So kann beispielsweise ein Manager bei Apple durchaus im Einklang mit seinen Kollegen seine Verantwortung darin sehen, die Produktionskosten bis zum Äußersten zu drücken. Es kann aber auch sein, dass er es für seine Verantwortung hält, auch die Mitarbeiterinnen und Mitarbeiter bei Foxconn als Menschen anzusehen, die ein Recht auf würdige Arbeitsbedingungen haben. Ob er sich damit durchsetzen kann oder sich in seinem Kollektiv – den *significant others,* in diesem Beispiel – zu isolieren droht, ist dabei offen.

Thomas Binder in Deutschland zur sogenannten Ich-Entwicklung haben gezeigt, dass sich die Reife der persönlichen Handlungslogik von Menschen – und zwar unabhängig von Persönlichkeit oder Intelligenz – entwickelt. Der Reife-Prozess verläuft in Stufen, also nicht stetig, und die Stufen entwickeln sich in einer festen Reihenfolge. Stufen können nicht übersprungen werden. Loevinger unterscheidet insgesamt neun Stufen (als E1 bis E9 etikettiert), die in drei Gruppen zerfallen: Die vorkonventionellen frühen Stufen E1–E3, die konventionellen mittleren Stufen E4–6 und die postkonventionellen späten Stufen E7–E9. Die vorkonventionellen Stufen durch läuft praktisch jedes Kind, sie brauchen hier nicht zu interessieren. Auf den konventionellen Stufen finden sich etwa 80 % der Menschen heutzutage, die postkonventionellen Stufen sind (noch) recht selten.

E4: Die Gemeinschaftsorientierte Stufe. Menschen orientieren sich hier primär an der für sie relevanten Bezugsgruppe. Sie tun (und lassen) Dinge, weil «man» diese Dinge tut oder lässt. Die Anerkennung durch andere ist für sie sehr wichtig. Die Anpassung an die Gruppe geht bis hin zu Äusserlichkeiten. Etwa 12 % der Erwachsenen sind auf dieser (plus 5 % auf einer früheren) Stufe.

E5: Die Rationalistische Stufe. Bestimmend für diese Menschen ist, sich von anderen unterscheiden zu können und einer eigenen Rationalität zu folgen. Sie sehen vermehrt, dass es unterschiedliche Rationalitäten gibt, aber sie halten primär die eigene für allein richtig. Auf dieser Stufe finden sich etwa 38 % der Menschen.

E6: Die Eigenbestimmte Stufe. Mit dieser Stufe vermögen Menschen sehr viel besser zu relativieren. Sie haben ihren eigenen Standpunkt, aber sie verstehen auch, dass andere einen anderen haben können. Sie können sich und andere besser anhand von Motiven und anderen inneren Aspekten beschreiben und verstehen und gelangen so zu einer reflektierteren Handlungslogik und steigern ihre Fähigkeit zur Selbstkritik. Auf dieser Stufe stehen etwa 30 % der Menschen.

Hier zeigt sich, dass das Kollektiv auch dadurch einen durchaus positiven Einfluss auf die Wahrnehmung der Verantwortung durch einen Einzelnen nehmen kann, dass es durch ein «schlechtes» Beispiel eine individuelle Stellungnahme erzwingt: «Sehe ich das wirklich auch so einseitig wie meine Kollegen?» Der Einzelne muss sich entscheiden, ob er dem Gruppendruck nachgibt und konform bleibt oder ob er eine Chance zur Profilierung sieht, so dass er seine Sicht der Dinge vielleicht noch extra akzentuiert – nach dem Grundsatz: Viel Feind, viel Ehr!

Zusammenfassend können wir sagen, dass die Einbettung des Einzelnen in ein Kollektiv – seine Kollegen, sein Führungsteam und so weiter – seine Wahrnehmung von Verantwortung erleichtern oder komplizieren und in drei Richtungen beeinflussen kann: Sie kann helfen, mit Unterstützung von Sparring- und Diskurspartnern zu einer reflektierten Haltung zu gelangen. Sie kann ebenso gut die individuelle Wahrnehmung von Verantwortung unterdrücken oder ertränken in einer Gemengelage aus Gruppendruck und konformistischen Erwartungen. Und drittens kann sie – gleichsam als unbeabsichtigte paradoxe Intervention – eine selbstbestimmte Haltung des Einzelnen provozieren und durch den ausgeübten Druck sogar kräftigen. Die Einflussfaktoren, die bestimmen, welche der drei Richtungen eine konkrete Situation einschlägt, sind vielfältig, und wir dürfen durchaus chaotische Mechanismen vermuten: dass auch kleinste Differenzen in den Anfangsbedingungen nach kurzer Zeit schon zu sehr unterschiedlichen Entwicklungen führen.

Bloß zufällig entwickeln sich solche Dinge aber wiederum auch nicht. Denn das Individuum hat – mit Viktor E. Frankl gesprochen – stets die *Freiheit zur Stellungnahme gegenüber all den Bedingungen*, in denen es steckt oder in die es gerät. Die Komplizierungen, die sich hier aus dem Einbezug des Kollektivs in unsere Betrachtung ergeben haben, sollen einiges erklären, aber keinesfalls entschuldigen, wenn ein Individuum von dieser Freiheit keinen Gebrauch macht.

Damit können wir nun zu der zweiten eingangs gestellten Frage kommen: Kann man auch einem ganzen solchen Kollektiv Verantwortung übertragen, respektive kann ein Kollektiv als Ganzes Verantwortung übernehmen?

Verantwortung im Kollektiv

Man *kann* einem Kollektiv Verantwortung übertragen, und ein Kollektiv *kann* Verantwortung übernehmen. Beides hängt davon ab, *wie* das Kollektiv seine Wahrnehmung der Verantwortung dann gestaltet. Ein Kollektiv muss sich *explizit* darüber verständigen, dass und wie es seine Verantwortung in Bezug auf eine Aufgabe oder ein zu erreichendes Ziel wahrnehmen will. Klar, es gibt die Fälle von unausgesprochener Übereinkunft – bei einem gut eingespielten Elternpaar oder einem vertrauten Team etwa. Aber man kann sich nicht einfach auf dieses deckungsgleiche implizite Verständnis in Sachen Verantwortung verlassen.

Der explizite Prozess der Verständigung darüber, was ein Kollektiv als die gemeinsam zu tragende Verantwortung sieht, kann vielleicht dann am besten erfolgen, wenn man sich bewusst macht, was die Verantwortungsübernahme erschweren, verhindern, vernebeln oder allenfalls verschwimmen lassen könnte.

Wir lassen im Folgenden offen, ob es sich bei einem Kollektiv, das Verantwortung übernimmt oder dem Verantwortung übertragen wird, um ein Führungsteam handelt, das den Erfolg seines Unternehmens oder Geschäftsbereichs verantwortet, oder um ein Elternpaar, das die Kindererziehung gemeinsam verantwortet, oder um eine teilautonome Gruppe von Mitarbeitern und Mitarbeiterinnen, die einen Arbeitsauftrag gemeinsam verantworten, oder im Sport um eine Mannschaft, die sich für ihren Erfolg gemeinsam verantwortlich fühlt.

Deklinieren wir den Prozess der Explizierung des gemeinsamen Verständnisses im Kollektiv einmal insofern durch, als wir die im vierten Kapitel erörterten sieben Todsünden als Leitlinie nehmen, sie aber konterkarieren. Dann könnte sich zum Beispiel folgende fiktive «Charta» eines ausgehandelten *gemeinsamen Verständnisses von Verantwortung* in einem Kollektiv ergeben:

Mut – statt Selbstschutz

Wir entscheiden uns im Zweifelsfall dafür, mutig zu handeln. Wir verzichten darauf, den Schutz vor Sanktionen an oberste Stelle zu setzen. Wo möglich stimmen wir uns gegenseitig darüber ab, aber wir akzeptieren lieber, wenn ein Einzelner von uns in einer Situation unabgesprochen mutig handelt, als wenn er nur sich selbst schützt. Mutig heißt in all diesen Fällen nicht tollkühn. Mutig heißt, bewusst ein Risiko in Kauf zu nehmen, weil der Preis des Scheiterns als durchaus verkraftbar erscheint, ein Erfolg für das Kollektiv aber wünschenswert wäre.

Perspektivenübernahme – statt Simplifizierung

Wir nutzen (und fördern) die Diversität unseres Kollektivs gezielt, um simplifizierende Sichtweisen zu vermeiden. Wir fragen uns gemeinsam, welche außerhalb unseres Kollektivs liegenden Perspektiven ebenfalls relevant sein könnten. Wir arbeiten an einem streitfröhlichen Klima, in dem abweichende Meinungen geäußert, aber auch argumentativ bekämpft werden dürfen. Wir geben uns methodische Spielregeln dafür, wann geredet und gestritten und wann entschieden und gehandelt wird.

Gemeinwohl – statt Profit

Wir stellen den Mannschaftssieg über den Einzelerfolg. Im Unterschied zum Sport aber haben wir nicht nur den Sieg unseres Teams im Auge. Wir verstehen uns als «Holon» – als ein Ganzes, das wiederum Teil eines größeren Ganzen ist. Wir wissen, dass wir uns damit in mancherlei Zielwidersprüche begeben und uns Dilemmata aussetzen können. Diese erfordern von uns Entscheidungen, zu denen wir gemeinsam stehen. Wir wissen aber auch, dass jedes Handeln einen Preis erfordert. Wir huldigen nicht einem naiven Glauben daran, es müssen sich in jedem Fall Win-Win-Situationen finden lassen.

Umsicht – statt Fokus

Wir schauen über den Tellerrand unserer unmittelbaren Aufgabe oder unseres Ziels hinaus. Wir richten den Blick bewusst auch auf die «übernächste Geländekammer» und fragen uns, was wir tun oder erreichen wollen, wenn wir das anstehende Etappenziel erreicht haben. Wir prüfen bewusst, was wir in Kauf nehmen oder riskieren, wenn wir mit unserem Fokus andere Dinge ausschließen.

Eigenanteil – statt Bias

Wir achten gezielt darauf, was unser eigener Anteil ist, wenn Probleme auftreten. Und wir achten ebenso gezielt darauf, was der eigene Anteil *anderer* ist, wenn wir zu einem Erfolg gekommen sind. Wir trennen bei Fehlern und Misserfolgen zwischen Ursachenanalyse und Schuldzuweisung. Letztere ist nur dann akzeptabel, wenn Sanktionen erforderlich sind – und dann auch ergriffen werden.

Aktion – statt Reaktion

Wir bemühen uns darum, im *driving seat* zu sitzen. Wir denken voraus, werden selbst initiativ und warten nicht darauf, dass jemand etwas von uns einfordert. Um das tun zu können, müssen wir uns hinreichend gut über den Sinn unseres Tuns abgestimmt haben. Nur wer aus einem klaren Sinnverständnis heraus handelt, kann die Angemessenheit seines Tuns beurteilen. Dies gilt für das ganze Kollektiv ebenso wie für Individuen.

Zivilcourage – statt Gehorsam

Wir nutzen die soziale Kraft des Kollektivs, um den Einzelnen in seiner Zivilcourage zu stärken. Wir sind solidarisch zueinander, aber wir verstecken unsere Fehler nicht. Den Unterschied zwischen Insubordination und zivilem Ungehorsam markieren wir durch eine klare Aushandlung von Werten, zu denen wir uns gemeinsam bekennen. Nicht alle Mitglieder unseres Kollektivs müssen alle Werte teilen. Aber es muss ein genügend starker gemeinsamer Werte-Kern da sein, der auch Werte-Differenzen in anderen Belangen auszuhalten und zu respektieren gestattet.

Implizit wird mit dieser fiktiven «Charta» zum Umgang mit Verantwortung in einem Kollektiv klar, dass eine solche Aushandlung eines gemeinsamen Verständnisses eine ganze Reihe sozialer, menschlicher, fachlicher und «chemischer» Voraussetzungen erfordert. Dies spricht freilich nicht gegen die Möglichkeit, Verantwortung bei einem Kollektiv zu sehen. Denn es sind wohl exakt die gleichen Voraussetzungen, die für das Funktionieren eines Teams ohnehin unabdingbar sind. Dass ein Team gut funktionieren kann, ist niemals einfach dem guten Willen seiner Mitglieder allein geschuldet. Es braucht auch günstige Voraussetzungen.

Nicht jede Mehrzahl von Individuen ist jedoch ein Team. Für das, was hier summarisch als Kollektiv bezeichnet wurde, muss das gelten, was üblicherweise als zwingende Voraussetzung genannt wird, damit ein Team funktionieren kann – eine *gemeinsame Aufgabe*. Nur dann ist es möglich, dass dieses Kollektiv auch Verantwortung übernehmen kann – für diese gemeinsame Aufgabe nämlich. Und wie wir es aus der Sozialpsychologie unter dem Begriffspaar *role taking* vs. *role making* kennen, ist es ein Unterschied, ob eine Aufgabe einfach *genommen* (übernommen) wird, oder ob sie aktiv und bewusst *gemacht* (gestaltet) wird. Wir können die obige «Charta» zwingend daran verankern, ob sich ein Kollektiv dazu verpflichtet fühlt, an einem gemeinsamen *role making* zu arbeiten, statt sich auf ein bloß ausführendes *role taking* zu beschränken.

Führungsbeziehungen – ein Spezialkollektiv

Alles, was hier über Kollektive gesagt wurde, lässt sich *mutatis mutandis* auf ein ganz spezielles Kollektiv übertragen: auf das zwischen einer Führungskraft und einem oder mehreren Geführten.

Freilich müssen wir dazu Abschied nehmen von der weit verbreiteten Vorstellung, Verantwortung bleibe eh bei der Führungskraft. Diese Vorstellung ist – wie man leicht sehen kann – ohnehin nicht tragfähig, weil ja jede Führungskraft auch wieder einem Chef unterstellt ist. Dann würde ja die Verantwortung einfach unaufhörlich weiter hochrutschen: Ist es wirklich nur der CEO (oder gar nur der VRP), der überhaupt Verantwortung trägt? Das kann man nicht ernstlich behaupten.

Und gleichzeitig müssen wir uns von der ebenso verbreiteten Vorstellung verabschieden, der Umgang mit Verantwortung respektive Delegation sei an eine Führung mit Weisungsbefugnis gebunden. In dieser Vorstellung «hat» der Chef die Verantwortung. Diese delegiert er (oder einen Teil davon) an einen oder mehrere Mitarbeiter. So klassisch diese Vorstellung auch ist, die Praxis muss nicht so sein.

Wir können uns gut vorstellen, dass eine Führungskraft mit einem oder mehreren Geführten zusammen das Thema «Verantwortung» genau so angeht, wie wir es hier dem Kollektiv zugedacht haben. Die skizzierte Charta könnte auch Teil eines ausgehandelten Führungsselbstverständnisses sein – vorausgesetzt, wir haben verstanden, dass jede Führung ein Beziehungsgeschehen ist und nicht einfach das Verhalten eines Chefs.

Es handelt sich bei Führungsbeziehungen insofern um ein Spezialkollektiv, als es mindestens zwei verschiedene Rollen gibt – salopp: führen und arbeiten –, und damit auch insofern, als sich die Aushandlung des *role making* in jedem Fall auf verschiedene Rollen bezieht. Versteht man Führungsbeziehungen aber als Kollektiv, so gilt, was oben zum Umgang mit der Verantwortung in einem Kollektiv ausgeführt wurde. *Und plötzlich ist man gar nicht mehr darauf angewiesen, sich Führung nur zusammen mit Weisungsbefugnis zu denken.*

Für all die alternativen Organisationsformen, für die ich im Buch «Hierarchie – Das Ende eines Erfolgsrezepts» plädiert habe, ist dies eine *conditio sine qua non*: Netzwerkartige, evolutionäre und selbstführende Systeme, die auf die Verantwortung aller statt auf das herkömmliche leitende Organisationsprinzip der Hierarchie setzen, sind auf eine Führung angewiesen, die ohne Weisungsbefugnis auskommt. Wir können diese *künftige Führung* geradezu definieren als die Unterstützung und Moderation des Prozesses der Aushandlung der kollektiven und individuellen Verantwortungswahrnehmung. Der Begriff «Wahrnehmung» ist dabei in seiner doppelten Bedeutung zu verstehen: als Sehen und als Realisieren.

Dieses Verständnis von Führung ohne Weisungsbefugnis, von Führung als Unterstützung und Moderation des Prozesses der Aushandlung und Wahrnehmung von Verantwortung können wir methodisch charakterisieren als sokratischen Dialog.

Der sokratische Dialog

Der sogenannte sokratische Dialog ist keine wohldefinierte Methodik, und die Verständnisse darüber, was er sei, variieren durchaus. Wir wollen an dieser Stelle also nur den Kern dessen herausgreifen, was Sokrates in seinen Gesprächen mit Athener Bürgern praktizierte: Er stellte primär Fragen, statt Antworten zu geben. Und er war hartnäckig, er ließ seine Gesprächspartner nicht mit der erstbesten Antwort davonkommen.

Dass gutes Fragen eine Kunst ist, hat der Satiriker Matthias Beltz wunderbar auf den Punkt gebracht: «Es gibt so Tage, da wehen einen die Urfragen der Menschheit an. Was ist der Mensch? Wo kommt er her? Warum ist er nicht dort geblieben?»

Wenn wir Führung im Hinblick auf die Wahrnehmung von Verantwortung als einen sokratischen Dialog verstehen wollen, so heißt dies also, *eine Führungskraft nach ihren Fragen zu beurteilen* statt nach ihren Antworten. Da sie selbst ja aber Teil der gemeinsamen Wahrnehmung von Verantwortung ist, muss sie Fragen nicht nur an ihre Mitarbeiterinnen und Mitarbeiter, sondern auch an sich selbst stellen. Und gute Fragen zu stellen, erschöpft sich nicht in einem Satz mit einem Fragezeichen am Ende.

Dass es eher auf die richtige Frage ankommt als auf die richtige Antwort, weiß jeder Fan des Science-Fiction-Kultbuchs «Per Anhalter durch die Galaxis». Dort werden nämlich dem größten je erbauten

Computer vom intergalaktischen Rat die wirklich abschließenden Fragen nach dem Leben, dem Universum und allem gestellt. Nach einer Rechenzeit von schlappen 7,5 Millionen Jahren spuckt die Maschine die Antwort aus. Sie ist mit absoluter Sicherheit korrekt und lautet: «Zweiundvierzig».

Mindestens diese Punkte sollten Sie beachten, wenn Sie eine Führungskraft sind und auf die Kraft des sokratischen Dialogs setzen wollen: Fragen Sie nicht, wenn Sie die Antwort schon kennen. Das dürfen nur Lehrer in der Schule. Fragen Sie nicht, wenn Sie die Antwort scheuen. Sie machen sich sonst lächerlich. Stellen Sie sicher, dass Sie die Antwort verstanden haben. Machen Sie etwas mit den Antworten, die Sie auf Ihre Fragen bekommen. Und zwar auch dann noch respektvoll, wenn Ihnen die erhaltene Antwort nicht gefällt. Vermeiden Sie alles, was man Ihnen als Desinteresse an der Antwort auslegen könnte. Fragen Sie sich, woran es liegen kann, wenn eine Antwort auf Ihre Frage komplett anders ausfällt, als Sie erwartet haben.

Im vorangegangenen Kapitel haben wir besprochen, inwiefern es das Leben ist, das die Fragen stellt, welche jede Verantwortung be- oder eben ver-antwortet. Hier zeigt sich nun, dass man dem Leben dabei etwas nachhelfen muss und kann. In der Arbeitswelt sind Führungs- und Kooperationsbeziehungen das Feld, in dem dies zu erfolgen hat. Und dieses Feld lässt sich weder durch Prozessdefinitionen noch durch sorgfältig ausformulierte AKVs und schon gar nicht durch Compliance-Abteilungen ersetzen. Im gemeinsamen sokratisch geführten Diskurs entwickelte Rollenverständnisse und -beschreibungen sind hingegen unbestreitbar ein nützliches Werkzeug für alle Beteiligten.

Wenn in diesem Kapitel gegen die Atomisierung argumentiert wurde, so richteten sich die Überlegungen dagegen, Verantwortung *nur* beim Individuum zu sehen. Um im Bild von Atom/Individuum zu bleiben, können wir nun die so ausgehandelten Rollenbeschreibungen als die *molekulare Formel* betrachten, nach der das Zusammenspiel zwischen Individuen und ihren Rollen im Hinblick auf die Wahrnehmung (also das Sehen und das Realisieren) von Verantwortung vereinbart wird.

Aber Moleküle ersetzen Atome ja nicht. Sie können ohne sie nicht existieren. Ebenso ersetzt die Betrachtung kleiner Kollektive nicht die Sicht aufs Individuum, denn Kollektive bilden sich schließlich aus Individuen. Und so versteht es sich von selbst, dass kein Weg daran vorbeiführt, dass selbst bei im Kollektiv ausgehandelten Verständnissen von gemeinsamer und individueller Verantwortung auch auf der Ebene jedes einzelnen *Individuums* ein *persönliches Gefühl* für eben diese Verantwortung entstehen muss. Wo der sokratische Dialog kontinuierlich geführt und auf das Tun und Lassen aller Beteiligten konkret bezogen wird, kann sich das Kollektiv aber sehr wohl versichern, ob dieses Gefühl bei seinen Mitgliedern tatsächlich auch vorhanden ist oder nicht.

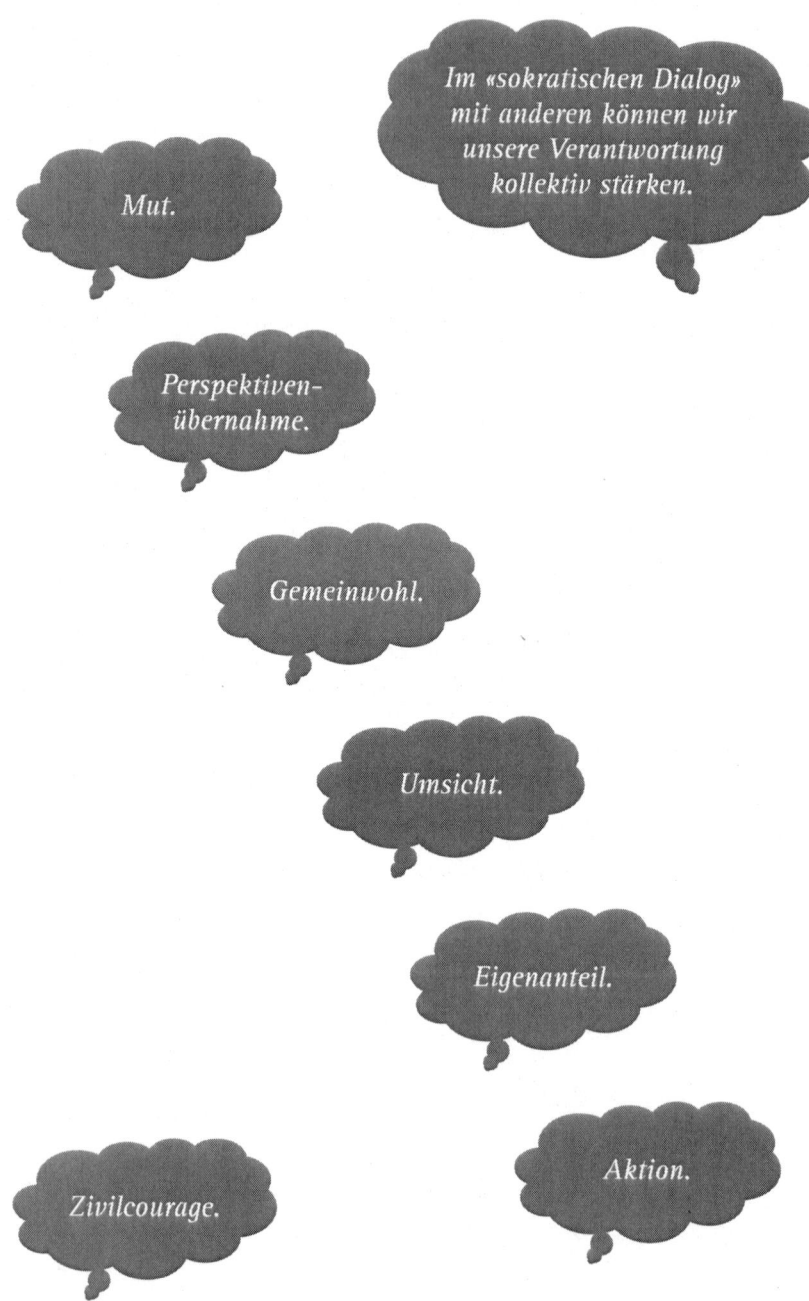

7 Entwicklung von Verantwortung gleich Chance plus Überforderung.

Selbstredend kann man die Menschen nicht einfach einteilen in die, die Verantwortung «können» und die anderen. Aber ebenso klar ist es, dass tatsächlich nicht alle Menschen in gleicher Weise willens und fähig sind, Verantwortung zu übernehmen. Und nicht jeder Mensch ist über alle seine Lebenssituationen und -felder in dieser Hinsicht gleich: Vielleicht nimmt jemand im Beruf Verantwortung wahr, in seiner Familie aber kaum (oder umgekehrt). Verantwortungsübernahme ist also an Voraussetzungen gebunden.

Zu diesen Voraussetzungen können wir auf Seiten des Individuums zunächst *Intelligenz* zählen. Aber eine lineare Beziehung zwischen Intelligenz und Verantwortungsübernahme zu unterstellen, würde ich nicht wagen: Eine Mindestintelligenz ist wohl notwendig – vor allem, um die Folgen des eigenen Tuns oder Lassens einigermaßen angemessen abschätzen zu können. Doch eine sehr hohe Intelligenz kann, muss aber keineswegs, zu Verantwortungsübernahme führen. Sie kann ebenso gut mit rücksichtsloser Soziopathie einhergehen.

Ebenfalls zuträglich für die Bereitschaft und die Fähigkeit, Verantwortung zu übernehmen, dürfte eine hohe *Fachkompetenz* sein: Ausbildung, Erfahrung, Fachwissen und -fähigkeiten erleichtern es sicherlich, Verantwortung zu übernehmen. Eine Garantie ist sie jedoch auch nicht. Und sei es nur, weil man mit wachsender Fachkompetenz mehr Risiken zu erkennen vermag.

Auch die *Psychologie der Persönlichkeit* kennt für das Verantwortungsthema relevante Unterschiede zwischen Menschen. Es gibt Untersuchungen zum Kontrollbewusstsein, zu Kontrollüberzeugungen (*locus of control*) oder zur Überzeugung der eigenen Wirksamkeit *(agency)*. Mit solchen Konzepten beschreibt man etwa, wieweit sich Menschen a) *internal* als Herr bzw. Subjekt des eigenen Lebens und Handelns, b) *external* als Objekt äußerer Einflüsse, c) *fatalistisch* als Spielball von Schicksal und Zufall begreifen bzw. wieweit sie d) *interaktionistisch* die ständig wechselseitige Beeinflussung innerer und äußerer Faktoren in Rechnung stellen. Menschen unterscheiden sich also in ihrer Disposition, sich selbst in der Verantwortung zu sehen.

Weiter haben wir auf den Grad der *Ich-Entwicklung* zu schauen (vgl. oben, Fußnote S. 109 f.). Diese bringt die Reife der persönlichen Handlungslogik zum Ausdruck. Die Ich-Entwicklung erfolgt in Stufen (also nicht linear). Sie lässt sich als eine zunehmende Fähigkeit zur Differenzierung, zur Relativierung und zur Bewusstheit im eigenen Denken und Handeln beschreiben. In «Hierarchie – Das Ende eines Erfolgsrezepts» habe ich ihre Bedeutung für das Verantwortungsthema beleuchtet (Frei 2016, Kap. 5). Kurz zusammengefasst: Wir können nur so weit Verantwortung übernehmen, wie es unsere Ich-Entwicklung zulässt.

All diese und vielleicht weitere Voraussetzungen sind zweifelsohne wichtig für die Beurteilung, ob jemand Verantwortung übernehmen will und kann. Doch sie beschreiben jeweils nur eine *aktuelle Situation* oder den *aktuellen Reifegrad* eines Individuums. Vielleicht erlauben sie damit auch eine Prognose für künftiges Handeln – unterstellt, die genannten Voraussetzungen blieben gleich.

Was uns aber interessieren muss, ist die Frage, wie sich Menschen im Hinblick auf ihre Bereitschaft und Fähigkeit, Verantwortung zu übernehmen, *weiterentwickeln* können. Sei es, weil sie dies *selbst* anstreben. Sei es, weil jemand (erzieherisch oder im Führungskontext) sie dabei *fördern* oder *fordern* will.

Entwicklung von Verantwortung

Mit «Entwicklung von Verantwortung» meine ich die Herausbildung und die Stärkung der Bereitschaft und Fähigkeit, Verantwortung zu übernehmen. Dabei bleibe offen, ob dieser Prozess selbstgesteuert oder durch Dritte stimuliert wird. Und es sei damit gleichzeitig mitgedacht, dass es sich nicht um eine bloß geistige Entwicklung im Denken handle, sondern dass sie sich im konkreten *Tun und Lassen* auch tatsächlich auswirke.

Dies ist meine einfache These: *Es braucht Chancen, gepaart mit Überforderung.*

Chancen

Chancen, Verantwortung überhaupt übernehmen zu können, ergeben sich aus Voraussetzungen, die wir aus einer kurzen Zusammenfassung der jeweils zentralen Botschaft der ersten sechs Kapitel dieses Buchs entnehmen können:

Erstens: Die Erwartungshaltung der Umgebung muss sich wirklich darauf richten, dass jemand die Verantwortung für eine bestimmte Aufgabe oder Rolle oder Zuständigkeit übernimmt. Das bedeutet, dass diese Erwartung nicht dem missbrauchten Begriff der Eigenverantwortung entspricht, heimlich also nichts anderes als vorauseilenden Gehorsam meint. Möglich wird echte Verantwortung aber nur, wenn überhaupt ein Entscheidungsspielraum vorliegt, wenn also keine systematische Trennung von Denken und Tun existiert.

Zweitens: Es darf niemanden geben, der implizit oder sogar explizit die Verantwortung bereits übernommen hat, die jemand anderem zugesprochen wird. Weder ein Chef, noch ein Kontrolleur, noch ein System, noch ein Kollektiv, hinter dem man sich ganz bequem verstecken könnte.

Drittens: Es darf keine patronalen Strukturen und Verhaltensmuster geben, die es jemandem, der Verantwortung übernehmen sollte, erlauben, sich aus dieser Verantwortung zu stehlen. Das ist nicht die gleiche Situation wie im zweitgenannten Punkt – denn diesmal wird nicht die für eine bestimmte Aufgabe erforderliche konkrete Verantwortung «weggenommen», sondern es wird durch das Patronale suggeriert, Verantwortung sei *generell* nur etwas für den oder die zuoberst.

Viertens: Es braucht – wenn der Begriff übertragen werden darf – sozusagen ein System von *checks and balances,* welche es erschweren, auf die im vierten Kapitel aufgezählten sieben verführerischen Gründe, vor Verantwortung zu fliehen, hereinzufallen. Diese *checks and balances* ergeben sich aus einer entsprechenden Führung, einer stimmigen Kultur und einem dazu passenden kommunikativen Druck von Seiten des sozialen Umfelds.

Fünftens: Es braucht Aufgaben und Rollen, deren Übernahme tatsächlich an Verantwortung gebunden ist. Damit verbunden ist meistens eine gewisse Komplexität respektive Nichttrivialität. Und überdies braucht es seitens dieses Individuums den Willen zur Verantwortung. Letzteres ist – falls dieser Wille fehlt – ein *killing factor:* Wir können vieles wollen – aber wir können nicht *wollen* wollen.

Sechstens: Es braucht ein soziales Interaktionsgefüge – sei es mit Peers und/oder Vorgesetzten – das mithilft, die eigene Verantwortung zu sehen und zu übernehmen. Mithelfen heißt aber nicht Abnehmen. Doch es heißt auch nicht, jemanden einfach sich selbst zu überlassen. Mithelfen heißt Mithelfen – durch Fragen, Tipps, Erwartungsklärung und gemeinsame Reflexion.

Im Grunde kann man es so zusammenfassen, wie es ein unbekannter Verfasser laut Internet auf den Punkt gebracht hat:

Wenn ich nur darf, wenn ich soll,
aber nie kann, wenn ich will,
dann mag ich auch nicht, wenn ich muss!

Wenn ich aber darf, wenn ich will,
dann mag ich auch, wenn ich soll,
und dann kann ich auch, wenn ich muss.
Denn schließlich: Die ‹können› sollen, müssen wollen dürfen!

Chancenlos

In vielen Fällen, bei denen sich Führungskräfte beklagen, ihre Leute seien zu wenig willens oder fähig, tatsächlich Verantwortung zu übernehmen, ließe es sich zeigen, dass eine oder mehrere der eben genannten Voraussetzungen fehlen. Diese sechs Voraussetzungen sind nicht additiv, sondern *multiplikativ* verknüpft. Es reicht, dass eine davon Null – also überhaupt nicht gegeben – ist, so dass das Ergebnis der Chancen-Multiplikation ebenfalls Null wird. Egal, wie gut erfüllt andere Voraussetzungen sind. In einem Ballon genügt auch ein einziges Loch, und die Luft entweicht. Und jede der genannten Voraussetzungen – so sie denn fehlt – kann zum Schlupfloch werden, auf dass sich jemand seiner Verantwortung entziehen kann.

Dass es nichtsdestotrotz Menschen gibt, die in fast jeder Situation Verantwortung suchen und zu übernehmen bereit sind, spricht nicht zwingend gegen diese Multiplikationsmetapher. Denn solche Menschen sind unter Umständen bloß blind gegenüber sozialen und gegenständlichen Bedingungen. Dann freilich taugen sie nicht als Vorbild, denn ihre Selbstüberschätzung dürfte gepaart sein mit einem Nicht-Respektieren der Verantwortung anderer: Es gibt ja nicht nur ein Sich-seiner-Verantwortung-entziehen. Es gibt auch ein hypertrophes, den tatsächlichen Bedingungen völlig unangemessenes Meinen, für etwas Bestimmtes verantwortlich zu sein. Drei Ausprägungen davon sind zu unterscheiden. Da sind zum einen die, für die Verantwortung zu einem Statussymbol geworden ist. Zumindest, solange die Dinge gut laufen, halten sie sich für «gesamtverantwortlich». Sie glauben im Ernst, dass es Cäsar war, der die Gallier schlug. Dann gibt es die, welche Verantwortung mit Schuld verwechseln. Dieser zweite Fall tritt vermutlich dort am ehesten auf, wo jemand biografisch hartnäckig auf die Schulddimension gepolt wurde und sich daher stets vorwirft, irgendetwas nicht gut genug gemacht zu haben. Und drittens gibt es die, denen stets die «interessierte Selbstgefährdung» droht. Der Begriff stammt von Klaus Peters (2011) und bezieht sich auf Menschen, die sich so sehr für eine Aufgabe engagieren, dass sie ohne Rücksicht auf sich selbst auch die eigene Gesundheit riskieren. Sie übersehen beim Übernehmen einer Verantwortung, dass es auch noch andere Verantwortungen gibt. Zum Beispiel eine sich selbst und der eigenen Gesundheit gegenüber.

Aus diesen Beispielen lässt sich – nicht zum ersten Mal in diesem Buch – ableiten, dass *ein* Problem bei der Klärung unseres Themas darin besteht, dass der Begriff «Verantwortung» sich öfters vermengt mit anderen Begriffen: in den eben genannten Beispielen mit Autonomie, Schuld oder Commitment etwa. Denn es gibt Menschen, die behaupten, Verantwortung zu tragen – aber sie meinen nur, es liege alles in ihrer Autonomie. Sie wollen also einfach stets das Sagen haben. Und es gibt Menschen, die sich jederzeit verantwortlich fühlen, weil bei ihnen jedes Misslingen oder auch nur drohende Misslingen sofort Schuldgefühle weckt. Und dann gibt es Menschen, die sich einer Sache derart verpflichtet fühlen, dass sie keine Grenzen ihrer Verantwortung erkennen.

Es lohnt sich sicher, genau hinzuschauen, wenn es uns scheint, jemand würde Verantwortung *nicht* übernehmen. Auf der Suche nach Gründen dafür können wir die oben genannten Voraussetzungen wie eine Checkliste behandeln. Aber wir sollten eben nicht nur dann genau hinschauen. Sondern auch dann, wenn jemand *fälschlich* Verantwortung übernimmt. Wir können hier von einem Fehler erster Art und von einem Fehler zweiter Art reden. Beide können konkrete Situationen chancenlos werden lassen – in dem Sinne verstanden, dass sie keine Chance auf Entwicklung von Fähigkeit und Bereitschaft, Verantwortung zu übernehmen, enthalten.

Dass sich konkrete Situationen aber nicht in allen Fällen so sauber einteilen lassen, versteht sich von selbst. Dafür sind die oben genannten sechs Voraussetzungen zu wenig objektiv messbar. Und damit kann es auch schwierig sein, den Fehler erster oder zweiter Art eindeutig zu identifizieren. Dies erschwert es, im Folgenden präzis abzugrenzen, wo denn die Überforderung beginnt. Oder wo sie tatsächlich nur aus dem Fehler zweiter Art – der Überverantwortlichkeit – besteht. Als *gedankliche Heuristik* soll das Konzept der Überforderung aber dennoch ausgeleuchtet werden. Denn vermutlich kann fast jede und jeder auf eine Erfahrung zurückblicken, die aktuell als Überforderung erlebt wurde, nachträglich aber erlaubte, an der übernommenen Verantwortung zu wachsen.

Überforderung

Auch bei der Entwicklung der Bereitschaft und Fähigkeit, Verantwortung zu übernehmen, gilt – wie bei vielen anderen Entwicklungsprozessen – das Matthäus-Prinzip: «Denn wer da hat, dem wird gegeben.» (Matthäus 13,12). Je öfter man schon Verantwortung übernommen hat, desto wahrscheinlicher wird es, dass man wieder Verantwortung übernimmt.

Psychologisch interessant ist, dass dieses Prinzip nicht nur wirkt, wenn es objektiv existiert. Es wirkt sehr oft auch, wenn man es bloß herbeiredet. Man muss die Dinge manchmal «besingen»: Vielleicht kennen Sie das wunderbare Buch *Songlines* von Bruce Chatwin. Darin beschreibt er, wie die Aborigines in Australien im Frühling (also in unserem Herbst) imaginären Linien in der Landschaft folgen und mit rituellen Gesängen, die von Generation zu Generation weitergegeben werden, die Natur wieder zum Leben erwecken. Tatsächlich bin ich der Meinung, dass man Veränderungen bei Individuen (ebenso wie in Organisationen) häufig erst zum Leben «ersingen» muss, bevor sie selbstverständlich, mithin Teil des persönlichen Selbstverständnisses (respektive der Unternehmenskultur) werden können. Es entspricht dies der (vor mehr als hundert Jahren von Hans Vaihinger so benannten) «Philosophie des Als Ob»: Verhalte dich so, als ob das schon Wirklichkeit wäre, was es erst werden soll. Dann wird es auch real. Behandle deine Leute, als wären sie bereits höchst selbstständig, und ihre Selbstständigkeit wird langsam wachsen. Behandle deine Leute, als wären sie unfähig zu denken, und alsbald werden sie selbst keine halbwegs vernünftige Überlegung mehr anstellen. Man kann den Mechanismus der *self-fulfilling prophecy* also auf sich selbst gemünzt nutzen. Denn er funktioniert im Prinzip auch da, wo der Satz mit «Behandle dich selbst, als ob ...» beginnt.

Dies impliziert, dass man Menschen in der *Entwicklung* ihrer Fähigkeit und Bereitschaft, Verantwortung zu übernehmen, vor allem dadurch stärken und unterstützen kann, dass man ihnen *mehr* Verantwortung abverlangt, als sie bereits zu tragen imstande sind. Fördern durch *Fordern* also. Oder aber: Sich selbst fördern durch *Wagen*. Nur das Risiko des Scheiterns enthält auch die Chance, Neues zu lernen. Anders kommt man kaum aus seiner *Komfortzone* heraus. In einer Organisation geht dies freilich nur, wenn auch eine *Fehlerkultur* existiert, in der man lernen kann und nicht primär negativ sanktioniert wird.

Dass das Maß der Überforderung nicht so bemessen sein darf, dass jemand dabei bricht, versteht sich von selbst. Dies ist aber im Einzelfall oft schwierig zu beurteilen. Wygotski (1977) spricht – im allgemeinen Kontext der Ontogenese – von der «Zone der nächsten Entwicklung». So unbefriedigend es sein mag: die Zone der nächsten Entwicklung für Verantwortungsübernahme bei einem Individuum beurteilen zu können, hat mehr mit Menschenkenntnis, Empathie und Erfahrung zu tun als mit sauber definierten, messbaren Kriterien. Eher Kunst als Handwerk also. Gute Führungskräfte beherrschen diese Kunst. Und dabei muss uns die Frage, was denn gute Führung sei, nicht einmal besonders beunruhigen. Nehmen Sie einem Vorgesetzten die formale Weisungsbefugnis, und Sie werden sehr rasch sehen, was seine Führung taugt. *Führung passiert dort, wo andere folgen wollen.* Und sie wollen gerade dort folgen, wo es attraktiv wird, die eigene Komfortzone zu verlassen – ohne danach hilflos allein gelassen zu werden.

Widerspruch – die Quelle der Entwicklung

Wenn wir der Hegel'schen Dialektik folgen, liegt die Quelle jeder Entwicklung im Widerspruch. Auf unseren Kontext übertragen, können wir den Widerspruch suchen zwischen der objektiven und der subjektiven Überforderung. Eine *objektive* Überforderung liegt vor, wenn ich mit meinem Wissen, meinen Fertigkeiten und Fähigkeiten nicht in der Lage bin, eine Aufgabe zu meistern. In diesem Fall kann ich die Verantwortung dafür faktisch auch nicht übernehmen. Eine *subjektive* Überforderung liegt vor, wenn ich mir die Aufgabe nicht zutraue – und mich folgerichtig auch nicht traue, die Verantwortung zu übernehmen. Die *Komfortzone* besteht darin, dass weder eine objektive noch eine subjektive Überforderung vorliegt. In der Komfortzone liegt denn auch keinerlei Entwicklungspotenzial, was Fähigkeit und Bereitschaft, Verantwortung zu übernehmen, angeht. Wo gleichzeitig sowohl eine objektive wie auch eine subjektive Überforderung vorliegen, da entsteht lediglich *Frustrationspotenzial*. Entweder, weil ich mich der Aufgabe dennoch stelle und dann erwartungsgemäß versage. Oder weil mein Selbstwertgefühl Schaden nimmt, weil ich mich bezogen auf die anstehende Aufgabe als unfähig erachten muss.

Interessant sind die beiden Fälle, wo nur eine objektive *oder* eine subjektive Überforderung da ist. Denn in diesem Widerspruch liegt Entwicklungspotenzial. Nehmen wir zuerst den Fall der *bloß subjektiven Überforderung*: Wenn ich mich selbst überwinde und entgegen meinen inneren Versagensängsten die Aufgabe anpacke, werde ich reüssieren (denn es liegt ja keine objektive Überforderung vor). Das kann mir eine Lehre sein, es kann mein Selbstwertgefühl stärken, und ich werde künftig eher bereit sein, Verantwortung zu übernehmen. Das generalisierte ironische Muster «Es wird schon schiefgehen ...» kann entspannen und damit innere Erfolgsbarrieren abbauen. Nehmen wir nun den Fall der *bloß objektiven Überforderung*. Faktisch reichen meine Fähigkeiten also nicht aus, ich schätze das aber überoptimistisch anders ein und fühle mich subjektiv keineswegs überfordert. Dann können wir zwei weitere Verläufe zeichnen. Entweder ich scheitere erwartungsgemäß, mache aber objektive Schwierigkeiten dafür verantwortlich und lerne, mich realistischer einzuschätzen. Für meine Bereitschaft und Fähigkeit, Verantwortung zu übernehmen, kann dies förderlich sein. Oder aber die Dinge entwickeln sich glücklicher als gedacht, so dass ich dank neuen Erfahrungen dazulerne und Erfolge verbuche, die mich stärken – obwohl sie faktisch kontingent und damit nicht echt «verdient» waren.

Als Beispiele für den Fall der *bloß subjektiven Überforderung* können wir geglückte agogische Interventionen von Eltern, Lehrern, Meistern, Vorgesetzten bei ihren Kindern, Schülern, Lehrlingen, Mitarbeitern hervorheben: Ein erfahrenerer Mensch schafft es, einen weniger erfahrenen aus dessen Komfortzone herauszuführen, ihm die Befürchtung der subjektiven Überforderung zu nehmen und ihn durch neue (erfolgreiche) Erfahrungen weiterzuentwickeln. Oder Analoges geschieht bei besonders ehrgeizigen Menschen, die sich selbst – aufgrund einer basalen Leistungsmotivation – beweisen wollen, dass sie «es» doch können, obwohl es sich ganz anders anfühlt.

Als Beispiele für den Fall der *bloß objektiven Überforderung* dürften insbesondere viele Gründer von Unternehmen und Unternehmer überhaupt gelten: Sie starten fast stets in eine derart ungewisse Zukunft, dass sie objektiv nicht die Verantwortung dafür übernehmen können, auch wirklich erfolgreich zu sein. Sie übernehmen aber sehr wohl die Verantwortung, an jeder Kreuzung wieder neu zu entscheiden und den eingeschlagenen Pfad mit aller Kraft zu verfolgen. Als Mark Zuckerberg von der Harvard-Universität den Ehrendoktor erhielt, riet er in seiner Dankesrede den Studierenden, «... nicht vor großen Ideen zurückzuschrecken. ‹Wenn ich alles Nötige darüber hätte wissen müssen, wie man Menschen miteinander verbindet, hätte ich Facebook niemals gebaut›. Zu oft trauten sich Menschen aus Angst vor Fehlern nicht, ehrgeizige Projekte anzugehen.» (NZZ, 27.5.2017, S. 30)

Die individuelle Entwicklung von Verantwortung

Für die ontogenetische Entwicklung der Bereitschaft und Fähigkeit, Verantwortung zu übernehmen, braucht es also nebst vielen Chancen auch eine bekömmliche Dosis an entweder subjektiver oder aber objektiver Überforderung. Bekömmlich ist diese Dosis dann, wenn sie auf das solide Fundament einer ausreichend großen Komfortzone bauen kann. Die Komfortzone bietet selbst zwar kein Entwicklungspotenzial, aber sie ist dennoch das «Standbein», das es erlaubt, mit dem «Spielbein» der Überforderung auf eine psychologisch robuste Weise umzugehen. Nur wer sich zumindest etlicher Dinge im Leben sicher ist, vermag auch Unsicherheit in anderen Dingen zu ertragen. Je mehr man schon gemeistert hat, desto mehr traut man sich auch zu. Dies dürfte, im Prinzip wenigstens, für die Ontogenese der Verantwortung die schlichte Erfolgsformel sein: das Matthäus-Prinzip der Verantwortung.

Nun geht ja aber bekanntlich der Krug zum Brunnen, bis er bricht. Was also bedeutet es für die Ontogenese der Verantwortung, wenn man sich selbst (oder jemand anderes einem) zu viel zugetraut hat? Wenn man scheitert? Wenn man also einen Misserfolg zu verantworten hat?

Vom US-amerikanischen Geschäftsleben wird erzählt, wer nicht mindestens einmal grandios gescheitert sei, der tauge unternehmerisch nichts. Hierzulande sei das dagegen ein Makel, den es möglichst zu verbergen gelte. Ob das so schwarz-weiß gilt, darf man bezweifeln, aber es zeigt zumindest, dass nicht das Scheitern als solches zu fürchten ist, sondern unsere *Lesart* davon: Wie wir es interpretieren, wie wir unsere Rolle und die der anderen oder des Zufalls (will sagen: Schicksal, Pech) sehen – das entscheidet darüber, was wir letztlich aus unserem Scheitern machen und lernen und wie wir es im Nachhinein sehen.

An dieser Stelle gilt es noch einmal an Janus 2.0 (aus dem zweiten Kapitel) zu erinnern: Während die soeben getroffene Unterscheidung in subjektive und objektive Überforderung auf der objektiven Seite das Gegenständliche (also das Faktische) einer Überforderung ansprach, kommt es für den *Umgang* mit dem Scheitern auf das *Intersubjektive* an. Der kulturelle Umgang mit dem Scheitern dürfte ausschlaggebend dafür sein, ob jemand an seinen Fehlern wachsen kann oder lediglich zunehmend ängstlicher und risikoaverser wird. Die vielbeschworene *Fehlerkultur* ist also auch eine Vorbedingung für die Ontogenese der Verantwortung.

Unter Kultur verstehen wir das, was intersubjektiv als selbstverständlich – sprich: gar nicht mehr zu hinterfragen – gilt. Und da macht es natürlich einen Unterschied, ob Fehler und Scheitern so oder anders gesehen werden. In einer fruchtbaren Fehlerkultur akzeptiert man Fehler, wenn denn daraus gelernt wird und wenn erkennbar wird, dass jemand aus seiner Optik durchaus verantwortlich gehandelt, also nicht einfach fahrlässig Fehler in Kauf genommen hat. Nur in einer solchen Kultur können wir uns mit Samuel Beckett als unser Mantra vornehmen: «Immer versucht. Immer gescheitert. Einerlei. Wieder versuchen. Wieder scheitern. Besser scheitern.»

Anders in einer Kultur, in der sofort Schuldige gesucht und womöglich zur Rechenschaft gezogen werden. Hier lernen die Beteiligten, möglichst keine Verantwortung zu suchen; man sucht dann eher nach Entschuldigungen, Ausreden oder anderen Schuldigen.

Neu ist aber eine andere Art von Anti-Fehlerkultur. Sie ist aus den *social media* heraus gewachsen und dürfte vornehmlich junge Menschen betreffen. Die permanente Überschwemmung mit Bildern und Storys über tolle Erlebnisse aller anderen lässt das eigene Leben mitunter wie ein Scheitern aussehen. Depressionen können die Folge sein, sagen Fachleute. Ich kann das nicht beurteilen. Ich frage mich jedoch, ob sich ein ähnlicher Mechanismus in der Berufswelt abzuzeichnen beginnt, wenn man sieht, wie heute Lebensläufe hochstilisiert werden. Beim eigenen weiß man ja (meistens) noch, was wie krass übertrieben ist. Aber bei fremden kann man das sehr oft nicht wirklich einschätzen. Wie soll jemand zu seinem Scheitern und zu Fehlern stehen können, wenn er umgeben ist von Menschen, die sich so präsentieren, als sollte man sie stets fragen: «Wann haben *Sie* den Nobelpreis zum letzten Mal abgelehnt?»? Wir können derartige *Anti-Fehlerkulturen* vielleicht dann am besten aufbrechen, wenn wir die bisherige Unterscheidung von Subjekt und Objekt erweitern.

Vom Subjekt zum Projekt

Von Vilém Flusser (1994) stammt diese hübsche Wendung. Ich habe es im zweiten Kapitel bereits erwähnt: «Subjekt» bedeutet im Lateinischen das Unterworfene, «Objekt» das Entgegengeworfene. In der bisherigen Erörterung der Ontogenese der Verantwortung und der Rolle der Fehlerkultur für den Umgang mit Überforderungen, an welchen man gescheitert ist, habe ich die Menschen bloß als *Subjekt* dargestellt. Sie sind den gegenständlichen und intersubjektiven Bedingungen unterworfen und erleben diese als ein *Objekt,* das ihnen entgegengeworfen wird. Beim Versuch der Bewältigung dieser Herausforderung kann man scheitern. Im Versuch erlebt man sich (das Subjekt) wie auch diese Herausforderungen (das Objekt) grundsätzlich als *gegeben.* Beides kann morgen natürlich anders sein, aber *heute* gilt in meiner Empfindung: Ich bin, der ich bin, und die Welt ist, die sie ist.

Dies ändert sich, wenn wir uns von der von Vilém Flusser als Absatzüberschrift entliehenen Wendung inspirieren lassen und selbst vom Subjekt zum Projekt werden. «Projekt» bedeutet im Lateinischen das Entworfene, das Vorausgeworfene. Es geht darum, *sich selbst und andere als ein Projekt zu sehen, das Möglichkeiten realisieren kann, welche bisher nicht ausgeschöpft wurden.* (Achtung, liebe Eltern, Lehrer, Meister, Vorgesetzte: Andere als Projekt zu sehen, heißt, sie als *ihr* Projekt zu sehen – nicht als das eurige!).

Die bisherige Unterscheidung von subjektiver und objektiver Überforderung hatte als Maßstab den *Wirklichkeitssinn.* Nun aber halten wir uns an den *Mann ohne Eigenschaften* von Robert Musil, wo es heißt: «Wenn es aber Wirklichkeitssinn gibt, und niemand wird bezweifeln, dass er seine Daseinsberechtigung hat, dann muss es auch etwas geben, das man Möglichkeitssinn nennen kann... So ließe sich der Möglichkeitssinn geradezu als die Fähigkeit definieren, alles, was ebenso gut sein könnte, zu denken und das, was ist, nicht wichtiger zu nehmen als das, was nicht ist.»

Der *Möglichkeitssinn* also ist es, der uns helfen kann, vom Subjekt zum Projekt zu werden. Er ist es, der bei uns selbst, aber auch bei anderen, die Ontogenese der Verantwortung nach der titelgebenden Formel dieses Kapitels durch «Chance plus Überforderung» voranbringt. Oder, leider besser gesagt: voranbringen würde. Denn der Möglichkeitssinn ist nicht gerade das, was den aktuellen Zeitgeist prägt. Junge Menschen kommen heute in eine (Berufs-) Welt hinein, in der man unter Einforderung eines Wirklichkeitssinnes das politische Gerede vom Tina-Denken zur Maxime erklärt hat: «There is no alternative». Ich habe im vierten Kapitel bereits davon geredet. Diese Leugnung des Möglichkeitssinns ist im exakten Wortsinn *idiotisch:*

Nach Platon ist der Häuserraum *(oike)* dem wirtschaftlichen Leben (Ökonomie), der Marktplatz *(agora)* dem politischen Leben und der Hügel *(temenos)* dem kontemplativen Leben gewidmet. Dies in einer hierarchischen Ordnung: Die Wirtschaft hat der Politik zu dienen, und diese stützt das Leben der theoretischen Betrachtung. Und mit theoretischer Betrachtung oder Kontemplation ist das *Entwerfen von Sinn und Schicksal* gemeint (vgl. Flusser 1994, S. 45/57/160). In der heutigen Welt hat sich diese Hierarchie um 180 Grad verkehrt: Die Ökonomie steht zuoberst, die Politik soll ihr zudienen, und die Sinnfrage ist an die Privatperson (griechisch, bis heute wertfrei: *idiótis*) delegiert. Eine idiotische Situation also: ἰδιώτης *(idiotes)* bezeichnet in der antiken griechischen Polis Personen, die sich aus öffentlichen-politischen Angelegenheiten heraushielten und keine Ämter wahrnahmen, auch wenn ihnen das möglich war. Dazu passt, was ich im vierten Kapitel von Hans Ulrich Umbrecht zitiert habe, dass wir uns nämlich kaum mehr als Gestalter der Zukunft, sondern lediglich als Bewältiger der Gegenwart verstehen.

Vom Subjekt zum Projekt können wir nur werden, wenn wir zurückkehren zur Platon'schen Hierarchie, der zufolge also die Ökonomie der Politik zu dienen und diese die Möglichkeiten für das Entwerfen von Sinn und Schicksal zu fördern hat. Ich bin nicht so naiv zu meinen, diese Sicht der Dinge sei heutzutage besonders anschlussfähig. Aber: Kann man das Ziel der Ontogenese von Verantwortung schöner als durch diese Flusser'sche Wendung auf den Punkt bringen? Ziel ist die *Befähigung zum Entwerfen von Sinn und Schicksal*.

Verantwortung *für etwas* zu übernehmen heißt ja letztlich, Verantwortung *für sich und sein Tun oder Lassen* zu übernehmen. Man prägt auf diese Weise sein eigenes Schicksal mit, und man stiftet selbst den Sinn, den man darin sucht. Wer, umgekehrt, keine Verantwortung übernimmt, der bleibt Opfer und Spielball eines Schicksals, auf das er keinerlei Einfluss hat.

Entwerfen von Sinn und Schicksal

Kein Mensch entnimmt den Sinn seiner beruflichen Tätigkeit dem Vision-/Mission-Statement auf der Homepage seines Arbeitgebers. Viktor E. Frankl (1985) hat unermüdlich darauf hingewiesen, dass der Mensch nicht ein Tier ist, dessen Instinkt ihm sagt, was es tun *muss*. Und heute ist er auch nicht mehr Teil einer Tradition, die ihm sagt, was er *soll*. Vielmehr braucht der Mensch ein Maß dafür, was er *will*. Und dieses Maß ist der Sinn. Der Sinn fällt einem nicht von außen zu, er muss aktiv gesucht – entworfen! – werden. Verantwortung übernehmen setzt voraus, dass man den Sinn dessen, was man verantworten will, selbst mitentworfen hat. Hat man keinerlei Anteil an diesem Sinn, so hat man auch nichts zu verantworten. Allerhöchstens gehorcht man.

Anteil am Sinn hat, wer etwas in Übereinstimmung mit seinen zentralen Werten ausgestalten kann. Dadurch wird dieses «Etwas» zu einem Schritt auf dem Weg eines selbst mitentworfenen Schicksals. Dies meint Autonomie. Und ohne diese Autonomie ist Verantwortung nicht möglich.

Auslöser für die Überlegungen dieses kleinen Buches waren – ich darf dies in Erinnerung rufen – Tendenzen in der Arbeitswelt, Organisationen vermehrt auf Verantwortung statt auf Hierarchie zu bauen, und zwar mit dem Ziel, die Versprechungen der Digitalisierung mit größtmöglicher Agilität auch wirklich einlösen zu können. Überschattet werden diese Tendenzen (oder Hoffnungen) von der Klage, fast gar nicht mehr seien die Leute willens und fähig, Verantwortung zu übernehmen. Dies wäre meine Entgegnung auf diese Klage: Wenn ihr Verantwortung erwartet, aber nicht bereit seid, auch Autonomie zum Entwerfen von Sinn und Schicksal zu geben, werdet ihr scheitern. Denn Mündigkeit ist unteilbar.

Nicht möglich aber ist es, dieser Einsicht zu folgen *und* gleichzeitig am Primat der Ökonomie festzuhalten. Wer Ökonomie als Selbstzweck sieht, wird stets eine Maximierung der Ergebnisse anstreben, die sich mit persönlicher Autonomie *aller* nicht verträgt, denn er wird individuelle Autonomie jederzeit opfern, wenn damit ökonomische Vorteile verbunden wären. Der Begriff der Freiheit, den die Neoliberalen vertreten, entpuppt sich eben deutlich als ein Verständnis von Freiheit *von,* statt von Freiheit *zu.* Nichts jedoch könnte der Entwicklung von persönlicher Verantwortung abträglicher sein.

Wenn ich nur darf, wenn ich soll,
aber nie kann, wenn ich will,
dann mag ich auch nicht, wenn ich muss!

Wenn ich aber darf, wenn ich will,
dann mag ich auch, wenn ich soll,
und dann kann ich auch, wenn ich muss.

Denn schließlich:
Die ‹können› sollen, müssen wollen dürfen!

136

Wenn es einen
Wirklichkeitssinn gibt,
dann muss es auch einen
Möglichkeitssinn geben.

Vom Subjekt
zum Projekt.

Wir sollten zurück zu Platon:
Die Wirtschaft muss der Politik die-
nen, und diese stützt das theoretische
Leben: das Entwerfen von Sinn und
Schicksal.

8 Weiß die linke Hand nicht, was die rechte tut?

Sagen wir: Die linke Hand sei die, die eingesehen hat, dass Unternehmen künftig im Kontext der Digitalisierung konsequent auf Verantwortung aller werden bauen müssen. Die rechte Hand sei dagegen die, welche die konkreten Verhältnisse tatsächlich schafft – Strukturen, Prozesse, Tools, Vereinbarungen und dergleichen mehr. Man kann gegenwärtig nicht davon ausgehen, dass diese beiden Hände vom selben Kopf gesteuert werden: Zu vieles, was die rechte Hand tut, steht der Übernahme von Verantwortung eher im Wege, als dass es ihr diente.

An diesem merkwürdigen (da kaum je angesprochenen) Widerspruch absolut nicht unschuldig ist der Bereich der «Human Resources».

Dabei hat doch alles so gut angefangen.

HR hats geschafft!

Als aus den biederen Personalabteilungen und einem noch biedereren Personalwesen vor rund vier Jahrzehnten – ich war gerade in die Arbeitspsychologie eingestiegen – endlich ein zeitgemäßes *Human Resources* wurde, begann der Siegeszug der Forderung, der Mensch müsse im Mittelpunkt stehen. Natürlich gab es die Zyniker, die formulierten, der Mensch sei Mittel – Punkt. Aber die hatten wohl «Resources» etwas gar zu wörtlich übersetzt.

Nach einem langen Kampf um Anerkennung kann HR heute auf eine wahre Erfolgsgeschichte zurückblicken. Für sämtliche Aspekte der Personalführung – von der Auswahl der Besten oder Geeignetsten über ihre Einarbeitung bis zur täglichen Führung, von der Entlöhnung über die Leistungsbeurteilung bis zur fachlichen und persönlichen Weiterentwicklung, von der Beförderung bis zur Pensionierung oder Kündigung, von der Frauenförderung bis zur Schaffung von Diversity – gibt es professionelle Konzepte und Methoden. Auch ist es längst mehrheitlich selbstverständlich, dass die HR-Verantwortlichen Einsitz in der Geschäftsleitung haben – noch heute die ultimative Anerkennung eines Beitrags zur Wertschöpfung im Unternehmen.

Kein namhaftes größeres Unternehmen gibt es mehr, das ohne perfekte administrative HR-Prozesse und eine klar formalisierte Personalentwicklung (eingeschlossen das Management Development) auskommen würde. Wir können ohne große Übertreibung von einer geradezu flächendeckenden *Vertoolung der Führungslandschaft* durch HR berichten.

Und als allerjüngste Errungenschaft dürfen wir bereits die zunehmende Etablierung von sogenannten «Chief Happiness Officers» (CHO) zur Kenntnis nehmen. Das Paradies ist nah!

Es ist also längst Common Sense geworden: Alle wissen, dass es HR-Management braucht. Die Bedeutung von Soft Factors ist auch für hart gesottene Shareholder-Value-Vertreter unbestritten. Dass manche gerne vom Humankapital sprechen, mag dies sicherlich begünstigt haben.

Aber auch die alten Anfeindungen von der Gegenseite, die ich in meinen Berufsanfängen noch vernahm, gehören der Vergangenheit an: In der Folge der gesellschaftlichen 68er-Kritik sahen manche in HR-Strategien nur eine besonders trickreiche Ausbeutungswissenschaft. Dies alles ist vorbei. Niemand kann der Branche mehr am Zeug flicken. Kurzum: HR hats geschafft! Die nomenklatorischen Beweise dafür sind unübersehbar: HR-Management – Assessment Centers – Recruitment – Grading – Compensation – Incentives – Competences – Mitarbeitenden-/Vorgesetztenbeurteilung – Zufriedenheitsumfragen – Employment Relations – 360°-Feedback – Skills/Knowledge Management – Career Development – Management & Leadership Development – Vocational Training – Potenzialbeurteilung – War for Talents – High Potentials

– Restructuring – Gender Management... die Liste ist unvollständig. Und schließlich ist kürzlich, im Rahmen der Digitalisierung und des beschleunigten Wandels, ein reiches Angebot zur Förderung der Agilität und Resilienz auf allen Stufen dazugekommen.

Damit keine Missverständnisse aufkommen: Vieles von dem ist sinnvoll. Und aus der Optik von HR kann man das Fazit ziehen: Mehr hätten wir nicht erwarten dürfen!

Aber dennoch: Dies ist nur die halbe Geschichte.

Alles hat seinen Preis

Der Preis, den die Unternehmen für die Professionalisierung der HR-Arbeit (vor allem im Hinblick auf die Tool-Landschaft) bezahlen, ist vielfältig. Zunächst haben sie sich damit ein Prokrustesbett von Systemen geschaffen. Bevor eine Führungsmaßnahme mit möglichen Konsequenzen etwa für die Lohneinstufung erfolgen kann, muss geprüft werden, ob sie im HR-Modul von SAP auch abbildbar ist. Jedes Bonus- und Leistungslohnsystem hat unübersehbar gewirkt – aber häufig eher pervertiert: Die *management attention* liegt in der Regel ganz absichtsgemäß wirklich nur noch auf dem Bonuswirksamen – mit Folgen freilich, die oft nicht der ursprünglichen Absicht entsprechen.

HR hat uns einen liturgischen Kalender geschenkt, der von der Zielvereinbarung über die Leistungsbeurteilung und das Mitarbeitergespräch bis zur Lohnfestsetzung alles derart klar reglementiert und zeitlich fixiert, wie das die katholische Kirche mit ihren Feiertagen vorexerziert hat. Nun leuchtet es ja ein, dass nicht jeder Ostern feiern kann, wenn es ihm passt – denn das würde das Schokoladehasengeschäft doch arg strapazieren. Aber wo steht eigentlich geschrieben, dass man nicht auch unterjährig Ziele definieren oder umdefinieren kann? Wie passt es zur allseits beschworenen Agilität, wenn die Dinge ein Jahr lang unverändert Geltung haben sollen?

Selbstverständlich ist zu begrüßen, wenn durch diesen liturgischen Kalender die Dinge nicht mehr so leicht untergehen. Und zumindest edel gemeint ist auch die Barriere, die damit weniger fähigen oder willigen Führungskräften vorgeschoben wird. Aber ist es nicht etwas merkwürdig im Erleben einer Führungsbeziehung, wenn der Chef oder die Chefin gewissermaßen einen Wake-up-call fürs Loben braucht? Es ist keine bösartige Unterstellung zu behaupten, dass das (halb-)jährliche Mitarbeitergespräch vielerorts an die Stelle von Authentizität und Spontaneität in Sachen Lob und Tadel getreten ist.

Was daraus resultiert, ist eine entpersönlichte Führung: Sachlich – höflich – nüchtern – cool. Nicht einmal mehr einen Wutausbruch des Chefs haben die Mitarbeitenden heutzutage zugute! Und, in unserem Kontext das Fatalste: Weder Führungskräfte noch Mitarbeiter haben irgendeine eigene Verantwortung in all diesen Themen. Denn sie sind einzig und allein dem vorgegebenen liturgischen Kalender gegenüber verpflichtet.

Das spiegelt sich auch bei den Mitarbeiterinnen und Mitarbeitern wider: Man fragt nicht danach, wie man sich selbst weiterentwickeln könnte. Man fragt nach dem Programm der Firma zur Weiterentwicklung seiner Leute. Da würde man dann gerne das Passende auswählen.

Die beschriebenen Entwicklungen sind niemandes Versagen. Sie sind nachvollziehbar vor dem Hintergrund eines veränderten Führungsumfelds.

Ein verändertes Führungsumfeld

Seit Längerem schon entspricht eine Führungsbeziehung im Kontext des permanenten und beschleunigten Wandels mehr einem One-Night-Stand als einer Heirat. Die Konsequenz davon ist, dass sich die Beziehung kaum noch einspielen kann. Man hat gar nicht mehr die Zeit, sich (und seine jeweiligen Marotten und Verletzbarkeiten und sonstigen Eigenarten) genügend kennenzulernen. Dies jedoch führt auf beiden Seiten zu einem massiv erhöhten Explizierungs- und Kommunikationsbedarf: Man muss sehr deutlich sagen (können), was man will und mag und was nicht. Aber genau dies ist nun gewiss nicht jedermanns Sache.

Diese Kurzlebigkeit entsteht nicht nur durch Job-Hopping der High Potentials in den Führungsrängen. Sie wird zusätzlich gefördert durch das ständige Umstrukturieren und hat *by the way* den unschätzbaren Vorzug, dass man mangels Vergleichsgrößen und -kriterien nicht wirklich in seiner Führungsleistung – vor allem aber nicht in seinem Führungsversagen – beurteilt werden kann. Die Kurzlebigkeit von Führungsbeziehungen erleichtert eben auch das Aussitzen und Überleben von Problemen und Konflikten.

Parallel dazu hat sich die Autonomie der Mitarbeitenden einerseits deutlich erhöht. Die Vorstellung von bloß befehlsempfangenden, nicht-denkenden Arbeitnehmern ist falscher denn je. Die Mitarbeitenden sind in der Regel fachlich kompetent, und sie wissen ganz genau, was zu tun ist. Nicht selten gelingt ihre Arbeit besonders dann, wenn sie einfach das Richtige tun – auch wenn sie damit die definierten Prozesse unterlaufen oder umgehen. Letzteres geht freilich kaum, denn die Prozessdefinitionen werden enger und enger – mit dem Ziel der Reduktion von Autonomie (welche eben auch als Fehlerquelle gesehen wird). Die Bildschirmmaske ersetzt den Chef: Auch «von unten» gesehen ist Führung also scheinbar weniger wichtig geworden.

Das passt allerdings gut, denn Führungskräfte haben auch viel weniger Zeit für Führung. Sie sind häufig in Projekte eingebunden und legen ihren Fokus auf die Prozesssteuerung statt auf die Menschenführung. Vor allem sind sie selbst in zunehmendem Maße fremdgesteuert. In das *daily business* sind sie kaum mehr involviert (und kennen es – zumindest aus der Optik ihrer Mitarbeitenden – oft auch viel zu wenig gut). Und da, wo Menschenführung trotz alledem unabdingbar bleibt, da gibt es die professionellen Standardtools von HR!

Die Folge davon ist, dass die individuelle *Persönlichkeit* eines Vorgesetzten kaum noch in Erscheinung tritt. Eine Ausnahme bilden die CEOs, doch das hat andere (in den Bedürfnissen der Öffentlichkeit liegende) Gründe. Wo aber nicht eine Persönlichkeit spürbar und verbindlich wahrgenommen wird, da gibt es kein Commitment – mithin also keine persönliche Verbindlichkeit und engagierte Selbstverpflichtung.

Und was damit begraben wird, das ist Verantwortung.

Etappen eines Anstellungslebens

Gehen wir es im Folgenden einmal szenisch durch. Wie spielen sich die Dinge normalerweise ab? Und wie sollten sie sich abspielen, gälte auch der rechten Hand das von der linken proklamierte Primat der Verantwortung aller?

– Ich suche eine Stelle und bewerbe mich mit einer Selbstdarstellung, die mich ins beste Licht rückt. Nur gerade allzu durchschaubare Übertreibungen vermeide ich. • Wäre Verantwortung das Maß für meine Bewerbung, würde ich so redlich wie möglich meine Stärken, aber eben auch meine Schwächen darstellen, denn in der Realität sind sie es ja später, die meine Leistung ausmachen. Bloß: Dann bekäme ich die Stelle nicht.

– Das Unternehmen freut sich über meine Darstellung und erhofft sich enorm viel von meinem «Leistungsausweis». Es möchte mich deshalb einem internen Bewerber vorziehen (denn von dem kennt es längst den tatsächlichen Leistungsausweis). Um mich aber auch zu gewinnen, stellt sich das Unternehmen schöner dar, als es ist, was mich wiederum sehr beeindruckt. • Wäre Verantwortung das Maß für das Unternehmen, wäre seine Darstellung der Firmenwirklichkeit realistisch, denn alles andere weckte ja Erwartungen, die hinterher eh enttäuscht werden. Bloß: Dann bekäme mich das Unternehmen nicht.

– Ich trete die Stelle an und hoffe, mit meiner noch außenstehenden Optik viel Gutes beitragen zu können. Indes, man lehrt mich seitens HR – natürlich auch durch Vorgesetzte und Kollegen – schnell, dass in diesem Unternehmen ganz bestimmte Werte gelten, gegen die man tunlichst nicht verstoßen solle. Was man Werte nennt, sind jedoch ganz klare *Dos & Don'ts,* und so wird aus Einarbeitung Abschleifung. Statt dass ich also Neues hereinbringen kann, wofür man mich angeblich geholt hatte, sollte ich mich tunlichst einpassen. Denn auch bei Diversity gilt nicht selten: Vor Tische las mans anders. • Wäre Verantwortung das Maß für das Verhalten der Beteiligten, würde das gegenseitige Lernen im Vordergrund stehen, und man würde die Reibungen, die das erzeugt, als Wärmespender begreifen.

– Ich fühle mich schon ganz gut eingelebt und erwarte daher, dass man mir ein entsprechend gutes Feedback gibt. Der Rhythmus der Zielvereinbarungs- und Zielerreichungskontrollgespräche lässt mich aber noch länger warten. Im Gespräch selbst muss mein Vorgesetzter sodann meine Leistung unterhalb der Maximalbenotung einstufen. Wie andernfalls könnte er mir im Jahr darauf einen Fortschritt attestieren? Sein Feedback demotiviert mich also eher, ich nehme meine Leistung etwas zurück – und mein Vorgesetzter ist stolz darauf, meine Schwächen gleich erkannt zu haben. • Wäre Verantwortung das Maß für unseren Austausch, könnten wir gänzlich außerhalb solcher Spiele in wechselseitigem Feedback Erwartungen klären und unsere Zusammenarbeit schrittweise weiterentwickeln.

– Aus den ersten Zielvereinbarungsrunden habe ich schnell gelernt, dass es fürs kommende Jahr ganz und gar nicht gut ist, wenn ich schon im laufenden Jahr zu ambitioniert bin. Ich entwickle mich daher rasch zum «Yes-butter». • Wäre Verantwortung das Maß für das *performance management* (auf beiden Seiten), dann könnte ich mich zum «Whynotter» entwickeln und ungestraft die Grenzen meiner Leistungsfähigkeit ausloten.

– Von meinen Peers musste ich bald einmal erfahren, dass mein Bonus nicht dadurch zustande kommt, dass ich mich für das Ganze einsetze. Vielmehr muss ich schauen, dass ich (oder, wenn ich Führungskraft bin, ich mit meinem Bereich) gut dastehe. Sie alle machen es nämlich vor. Die Zufriedenheitsumfragen sind ja kompetitiv angelegt. Mein Bereich muss nicht gut sein. Er muss bloß besser dastehen als andere. • Wäre Verantwortung das Maß für unsere Zusammenarbeit, ginge es um den Teamerfolg als ganze Firma, nicht um Abteilungsleistungen.

– Im Talent Management stehe ich seither recht weit oben auf der Liste. Das ist natürlich geheim, aber mein Chef hat es doch durchblicken lassen. Er will ja, dass ich weiß, wie sehr er sich für mich einsetzt. Dass ich bei der nächsten freien Stelle, die für meine Laufbahn interessant wäre, Hoffnungen hege, versteht sich von selbst. Da man dann aber aus Gründen der dringend erforderlichen «Blutauffrischung» einen Externen mit einem hervorragenden Leistungsausweis genommen hat, kühlt mein Engagement merklich ab. • Wäre Verantwortung das Maß für die Entwicklung von Menschen in Unternehmen, wären die Beteiligten kontinuierlich im Gespräch miteinander, um Chancen und Optionen auszuloten.

– Natürlich steht das Unternehmen nicht still. Besonders die Prozessoptimierung wird kräftig vorangetrieben. Je klarer alle Vorgaben sind, umso geringer die Spielräume. Als Mitarbeiter fühlt man sich unnötig eingezwängt, als Führungskraft unnütz. • Wäre Verantwortung das Maß für die Arbeitsorganisation, würden technische Möglichkeiten ausgeschöpft, um menschlicher Fähigkeit Spielräume zu eröffnen und den Menschen durch Automatisierung möglichst abzunehmen, was solcher Fähigkeit nicht bedarf.

– Um das Unternehmen strategisch klipp und klar auszurichten und auf Effizienz zu trimmen, wird laufend mehr ganz zuoberst entschieden. Schon kurz unterhalb des Top-Managements beginnt die Zone der Befehlsempfänger. Führungskräfte werden zu Durchlauferhitzern, ihre genuine Kernfunktion – das Entscheiden – wird ihnen überwiegend entzogen. Statt zu führen, konzentrieren sie sich darauf, die eigene Position und künftige Perspektiven zu *hedgen*. • Wäre Verantwortung das Maß für die strategische Ausrichtung des Unternehmens, wäre es die Aufgabe der Führung, Sinn zu vermitteln, auf dass engagierte Menschen wissen, worauf sie ihr Tun auszurichten haben.

Manch einem mögen solche Szenen als krasse (um nicht zu sagen: böswillige) Verzerrung erscheinen. Verständlich, denn positive Ausnahmen gibt es wohl – meist sind sie freilich der Eigenwilligkeit und Souveränität einzelner Personen zu verdanken. Nicht einem vernünftigen System. Sie sind möglich, weil das System Gott sei Dank nicht effektiv genug ist, alle Vernunft gänzlich zu unterdrücken. Ob diese Personen, die ihre Verantwortung entgegen aller Verhältnisse dennoch wahrnehmen – im Interesse des Ganzen und der Kunden –, davon letztlich selbst auch profitieren, ist hingegen nicht garantiert. Es kann sie ebenso gut den Kopf kosten.

Wenn ich hier einseitig HR angeschuldigt habe, so ist das natürlich ungerecht. Erstens spielen andere Bereiche auch eine aktive Rolle. Und zweitens lassen zu viele Akteure in dem Spiel diese unseligen systemischen Fehlentwicklungen überaus gerne zu, weil es sie selbst entlastet und eben gerade aus der Verantwortung nimmt.

Ein Teufelskreis

Nehmen wir an, meine Philippika überzeugt Sie. Nun wollen Sie die Dinge ändern. Ihre rechte Hand soll bitte schön tun, was den Absichtserklärungen der linken dient. Einzelne Elemente der bisherigen Prozesse herauszubrechen, bringt Sie da aber rasch in die Bredouille: Sie schaffen die Zielvereinbarungsgespräche ab? Da kommt Ihr ganzes Entlöhnungssystem durcheinander. Sie verflachen radikal die Hierarchie und schaffen Titel und Ränge ab? Da bricht Ihr ganzes Talent Management aus den Fugen. Sie brechen das Talent Management ab? Da stimmt Ihr ganzer Recruiting-Prozess nicht mehr. Und so weiter. Es ist ein Teufelskreis, der kaum zu durchbrechen ist.

Das Ganze aufs Mal umzubauen, *kann* eine Option sein, aber es braucht einen ganz und gar unbezweifelbaren unternehmerischen Druck dafür (ideologische Überzeugung reicht da nie), es braucht ein großes Durchhaltevermögen und die Bereitschaft, eine große Fluktuation in Kauf zu nehmen. Ich verweise auf die Beispiele bei Robertson (2016) und Laloux (2015; 2016).

Hier geht es mir im Moment nicht um solche Radikalumbauten, sondern um die Frage der Widersprüche im Umgang mit dem Verantwortungsthema in konventionellen Organisationen. Schauen wir uns einmal an, wie es die «Guten» handhaben.

Nach meiner Erfahrung zeichnet *gute Führungskräfte* – und ich habe viele kennenlernen und teilweise sehr nahe begleiten dürfen – zunächst einmal aus, dass sie derartige Widersprüche überhaupt *sehen*. Aus Brechts Dreigroschenoper wissen sie: «Doch die Verhältnisse, sie sind nicht so.» Bloß werden sie, mit Karl Valentin, das «gar net erst ignorieren». Ihre Kunst ist es also, die real existierenden Widersprüche in den betrieblichen Tools und Prozessen einerseits zu sehen, aber sich andererseits davon nicht bestimmen zu lassen. Sie führen also die Zielvereinbarungs- und Zielerreichungsgespräche wie vom HR verlangt durch, aber sie machen im Gespräch mit ihren Mitarbeiterinnen und Mitarbeitern klar, worauf es ihnen wirklich ankommt. Und zwar nicht bloß in den verlangten Zielvereinbarungs- und Zielerreichungsgesprächen, sondern insbesondere zwischendurch. Oder: Sie fordern Verantwortung bei ihren Leuten ein, und stehen dann gleichwohl hinter (oder vor?) ihnen, wenn die anders entschieden haben, als der Chef das selbst getan hätte. Oder: Sie üben sich auch im zivilen Ungehorsam, und sei es nur im Kleinen, wie bei einem meiner Lieblingsbeispiele: Es handelt sich um einen Manager, der relevante vertrauliche Dokumente jeweils auf seinen Besprechungstisch legte, dann einen Mitarbeiter zu sich rief, von dem er meinte, der müsste diese Information haben (obwohl die Vorschriften dies verboten). Dann verließ er mal «dringend» für fünf Minuten sein Büro und ließ den Mitarbeitenden allein zurück. Dem war völlig klar, dass er das offen daliegende Dokument nun mal zu überfliegen und im Wesentlichen zur Kenntnis zu nehmen hatte. Wenn dann der Chef zurückkam, fiel kein Wort über diese Sache. Die Mitarbeiterinformation war optimal, es hat wunderbar funktioniert. Denn diese Führungskraft hat die Mündigkeit ihrer Mitarbeiter höher gewertet als die geltenden Reglemente.

Das Problem dieses Kapitels besteht also nicht primär darin, dass die linke und die rechte Hand nicht dasselbe Ziel verfolgen. Das Problem entsteht erst dadurch, dass die eine Hand nicht *weiß*, was die andere tut. Ist man sich über die existierenden Widersprüchlichkeiten ganz nüchtern im Klaren, dann kann man – bildlich gesprochen – souverän eine katholische Doppelmoral praktizieren. Die ist alleweil einer protestantischen Reinheit vorzuziehen, welche an der realen Welt letztlich scheitern muss.

Und falls Sie eine biologische Metapher einer theologischen vorziehen: Unser visuelles System lebt geradezu davon, dass das linke und das rechte Auge nicht dasselbe sehen. Unser Gehirn kann diese zwei nicht identischen Sichten in eine dreidimensionale räumliche Wahrnehmung ummünzen. Ganz so fruchtbar ist es in der Führung leider nicht. Denn natürlich wäre es schöner, wenn dort die linke und die rechte Hand gleichsinnig wirken würden. Aber solange dies nicht der Fall ist, kann es im Einzelfall eben schon fast förderlich sein, wenn ein Chef auf die Verantwortung seiner Leute setzt, *obwohl* viele Prozesse und Strukturen dies gerade zu verhindern suchen. Denn durch sein Gegen-das-System-Handeln kann die Glaubwürdigkeit eines solchen Chefs auch steigen.

Qualitative Easing

Der gekonnte Umgang mit Widersprüchlichkeiten ist eine Vorbedingung für das, was ich als Alternative zum radikalen Umbau von Organisationen – etwa nach dem Modell der sogenannten Holakratie (vgl. Robertson 2016) – sehe und in Anlehnung an den währungspolitischen Begriff der quantitativen Lockerung (der Geldmenge) als *«Qualitative Easing»* bezeichne (Frei 2016, S. 171). Es geht um die Lockerung der zugelassenen organisationalen Optionen.

Wir sollten damit beginnen, vielfältigste Experimente in der Organisation zuzulassen. Und wir sollten dabei in Kauf nehmen, dass wir innerbetrieblich Widersprüchlichkeiten erzeugen. Sei es, dass wir beispielsweise nur in der IT mit nicht-hierarchischen Arbeitsformen wie SCRUM arbeiten. Sei es, dass wir auf einen Stabsbereich begrenzt Holakratie einführen. Sei es, dass wir ganze Bereiche von den sonst flächendeckenden Pflichten von Zielvereinbarungen dispensieren. Sei es, dass wir einzelne Cheffunktionen auf der Basis von Rollen zulassen (die nicht ein ganzes Stellenprofil ausfüllen und womöglich sogar rotiert werden). Und so weiter (im zehnten Kapitel werde ich das ausführen).

Die linke und die rechte Hand müssen sich also nicht immer gleichsinnig bewegen. Aber der Kopf muss *wissen, was sie tun.* Und mit «Kopf» meine ich hier keineswegs das Management (obwohl: das natürlich auch). Ich meine die *Kultur,* die Summe aller Selbstverständlichkeiten also. Die Kultur muss sich – wenn ich noch einmal theologisch metaphorisieren darf – von einer konfessionellen Enge hin zu einer ökumenischen Weite öffnen.

Vorausgesetzt, die obersten Verantwortlichen strahlen die nötige Souplesse aus, wird die ganze Organisation schnell lernen, mit der Diversity der Arbeits-, Organisations- und Führungsformen zu leben und dabei zu lernen, dass *mehr Verantwortung möglich* ist. Und sie wird aufhören, nach der *einen* wahren Lehre zu suchen.

Wissen, was die andere Hand tut

Darum geht es also, in Zeiten des Umbruchs, der Ungewissheiten und des Experimentierens: Zumindest zu wissen, was man tut – selbst und gerade da, wo man sich widersprüchlich verhält.

Hoffen wir, dass der Zeitgeist nicht auf die Idee kommt, hierfür einen «Chief Responsibility Officer» zu erfinden. Wahlweise auch als «Chief Awareness Officer»… Dann hätte man es geschafft, ein weiteres Stück Verantwortung denen wegzunehmen, die sie wahrnehmen sollten: nämlich jedem und jeder Einzelnen.

Natürlich ist es zu allererst in der Verantwortung der *Führungskräfte,* sich bei dem, was sie tun und lassen, zu fragen, wie in ihrem Fall das Verhältnis zwischen linker und rechter Hand ist. Fordern sie von ihren Leuten Verantwortung – aber schreiben sie ihnen im Detail vor, was sie zu tun haben? Fordern sie Verantwortung – aber respektieren sie keinen Entscheid, der von dem abweicht, was sie selbst entschieden hätten? Fordern sie Verantwortung – doch verstehen sie darunter ausschließlich Haftbarkeit im Falle eines Fehlers? Die Liste ließe sich fortsetzen. Worum es geht, ist eine *intellektuelle Redlichkeit:* Stimmen meine Forderungen mit meinem konkreten Führungshandeln überein? Gut: Wenn ich reinen Ausführungsgehorsam verlange und dafür aber auch nicht von Verantwortung bei den Ausführenden schwafle, dann ist das zu respektieren. Die Verantwortung für all das, was ich angeordnet habe, bleibt dann bei mir. Bei meinen Leuten verbleibt nur der Gehorsam. Wenn ich aber von ihnen Verantwortung erwarte, dann muss ich ihnen die Mittel und den Freiraum geben, diese Verantwortung auch tatsächlich wahrzunehmen.

Jeder Mitarbeiter und jede Mitarbeiterin muss aber auch sein/ihr eigener «Chief Responsibility Officer» sein: Wofür übernehme ich tatsächlich die Verantwortung? Wo sehe ich sie bei meinem Vorgesetzten? Finde ich das richtig so, oder schiene es mir anders besser?

Dieser Anspruch an *alle* ist es, der alternative Modelle der Arbeitsorganisation – etwa die bereits mehrfach angesprochene Holakratie – mindestens am Anfang so anstrengend macht. Es wird sehr genau ausgehandelt, wer wofür welche Verantwortung trägt. Und dies wird auch noch schriftlich festgehalten. Wenn es jedoch geklärt und eingespielt ist, dann funktioniert es auch.

Dem entgegen steht jedoch eine Gepflogenheit, die vom heutigen Management mehrheitlich gebilligt wird – ja, die sogar von vielen im Brustton der Überzeugung als selbstverständlich verteidigt wird: Dass nämlich die Verantwortung eines hierarchisch Höheren diejenige seiner Untergebenen «schlucke». Ich habe den CEO bereits zitiert, der mir sagte, in seiner Führung könne er alles delegieren – nur nicht die Verantwortung.

Das ist ein grobes Missverständnis: Der CEO einer Großbank trägt ja nicht die Verantwortung dafür, wenn ein kleiner Schalterbeamter in die Kasse gegriffen hat. Er trägt höchstens die davon zu unterscheidende Verantwortung dafür, ob er für Strukturen und Prozesse gesorgt hat, die die Compliance auf allen Stufen fördern und kontrollieren. Es ist daher auch ein grobes Missverständnis, wenn Mitarbeiterinnen und Mitarbeiter, die keine Führungsposition anstreben, dies mit dem Argument begründen, sie wollten keine Verantwortung. *Keine Verantwortung gibt es nicht!* Verantwortung ist nicht einfach «oben», und «unten» ist keine. Die Verantwortung «oben» ist bloß eine *andere* als die «unten». Nicht zwingend eine größere! Die Verantwortung eines Spitaldirektors hat vielleicht weniger schnell lebensrelevante Folgen als die einer jungen Anästhesieschwester.

Bei all diesen Missverständnissen muss noch einmal das *Human Resources* zur Rechenschaft gezogen werden. HR-Fachleute müssten doch vor allen anderen in der Lage sein, zu erkennen, wenn seitens der Führungskräfte, aber auch seitens aller Mitarbeiterinnen und Mitarbeiter solche falschen Verständnisse von Verantwortung existieren. Und sie müssten etwas dagegen tun. Doch im Gegenteil: Ihre eigenen Prozesse und Tools kranken ja fast systematisch daran, dass sie im Thema «Verantwortung» die Dinge durcheinanderbringen. Dies deshalb, weil sie sich primär auf die *unfähigen* Führungskräfte ausrichten. Man stelle sich einmal vor, die Werkzeugmacher für eine Schreinerei hätten nur Schreiner vor Augen, die zwei linke Hände haben, einen Hammer nicht von einer Säge unterscheiden können und nach Möglichkeit nicht mit Holz in Kontakt kommen wollen!

Und selbst wenn man akzeptiert, dass HR-Tools gerade für jene Führungskräfte bereitstellen muss, die ohne diese verloren wären, so müsste HR doch zulassen und sogar fördern, dass gute Führungskräfte mitunter auch eigene Wege gehen und verantworten.

Ein kleines Gedankenexperiment

Seit Langem teilt sich die betriebliche Welt ein in Kader und Nicht-Kader (so zumindest der schweizerische Sprachgebrauch). Unter Kader verstand man zunächst nur Führungskräfte. Nicht-Kader waren die «gewöhnlichen» Mitarbeiterinnen und Mitarbeiter. Da aber alle Reward-Systeme (von Lohn und Bonus über Status, Privilegien, Titel bis hin zu Laufbahnoptionen) faktisch an die formale Hierarchie gebunden waren, musste man auch Kader-Plätze für Nicht-Führungskräfte schaffen: Spezialisten, Stabsfunktionen und sogar bloße Stellvertreter – wenn sie denn bedeutungsvoll genug waren. Seit Langem bekannt ist, dass dieses System tendenziell zu «mehr Häuptlingen als Indianern» führt, was ganz und gar nicht kompatibel ist mit dem modernen Trend zu zumindest flacheren Hierarchien.

Stellen wir uns nun einmal vor, wir würden die betriebliche Welt anders zweiteilen: In jene, die *Verantwortung* übernehmen wollen, können und sollen: die V-Gruppe. Und in diejenigen, die nur gerade *ausführen,* was ihnen jemand sagt (dieser Jemand wiederum gehört zwangsläufig zur ersten Gruppe): die A-Gruppe. Man muss sich beim Firmeneintritt entscheiden, wozu man gehören will, und es gibt Spielregeln für den Fall, dass jemand die Gruppe später wechseln will.

In der *V-Gruppe* sind nur Menschen, die sich für das Gesamt-unternehmen interessieren, die Verantwortung und Freiraum suchen und bereit sind, eigene Entscheidungen zu treffen und zu vertreten. Darunter hat es solche, die führen und andere, die das nicht tun. Führung ist aber eine Rolle nebst anderen. Sie braucht nicht «abendfüllend» zu sein, sie kann temporär oder thematisch beschränkt ausgeübt werden. Oberster Grundsatz in der V-Gruppe ist, dass *jede/r* Verantwortung trägt. Es ist daher zwingend, dass in jedem Einzelfall geklärt werden muss, *welche.* Und niemand in dieser Welt ist ohne guten Grund in Systeme eingezwängt, die ihn von Verantwortung entbinden. Zu Mitarbeiter-Informationsveranstaltungen, Personal- und Führungsentwicklungen und dergleichen werden lediglich die Mitglieder der V-Gruppe eingeladen.

In der *A-Gruppe* hingegen sind Menschen, die ausschließlich den Tausch Arbeitskraft plus Zeit gegen Geld suchen. Sie sind bereit, im Rahmen einer bestimmten Rolle genau zu tun, was man ihnen sagt. Niemand hat an sie den Anspruch, dass sie dabei über den Tellerrand hinausschauen und sich für gesamtunternehmerische Belange interessieren. Sie haben keinen Entscheidungs- oder Ausführungsspielraum. Das, was ihnen persönlich wichtig ist, findet außerhalb ihrer Erwerbsarbeit statt.

Das Linke-Rechte-Hand-Problem wäre damit innerbetrieblich gelöst. Aber ich bin sicher, die geschilderte Vorstellung in diesem Gedankenexperiment löst bei Ihnen schlechte Gefühle aus. Und zwar, weil es Ihr *Menschenbild* unangenehm berührt. Die scharfe Zweiteilung erinnert natürlich an eine Zweiklassengesellschaft, und die der A-Gruppe zugedachte Rolle erinnert an Galeerenarbeit (wenn hier auch in arbeitsrechtlich geschütztem Rahmen).

Nur: Dann sollte man aufhören, gegen verantwortungsbasierte Formen der Arbeitsorganisation bedarfsweise damit zu argumentieren, dass viele Leute das nicht wollten, weil es ihnen wohler sei, keine Verantwortung zu tragen. Denn es scheint mir ziemlich problematisch zu sein, die V/A-Unterscheidung zwar «grundsätzlich» zu akzeptieren – aber nur so lange, wie sie nicht wie in meinem Gedankenexperiment *sichtbar und offiziell* gemacht wird. Es bleibt sonst der Verdacht, die so Argumentierenden wollten die ungeklärten Verhältnisse bewahren, um dann im Einzelfall ganz nach Belieben ihre linke oder aber rechte Hand sprechen lassen zu können.

Es ist eben so, dass ungeklärte Verhältnisse in zwischenmenschlichen Belangen ganz generell für alle Beteiligten den Vorteil haben können, sich bei Bedarf aus der Verantwortung zu stehlen. Warum sollte dies ausgerechnet beim Verantwortungsthema nicht auch der Fall sein?

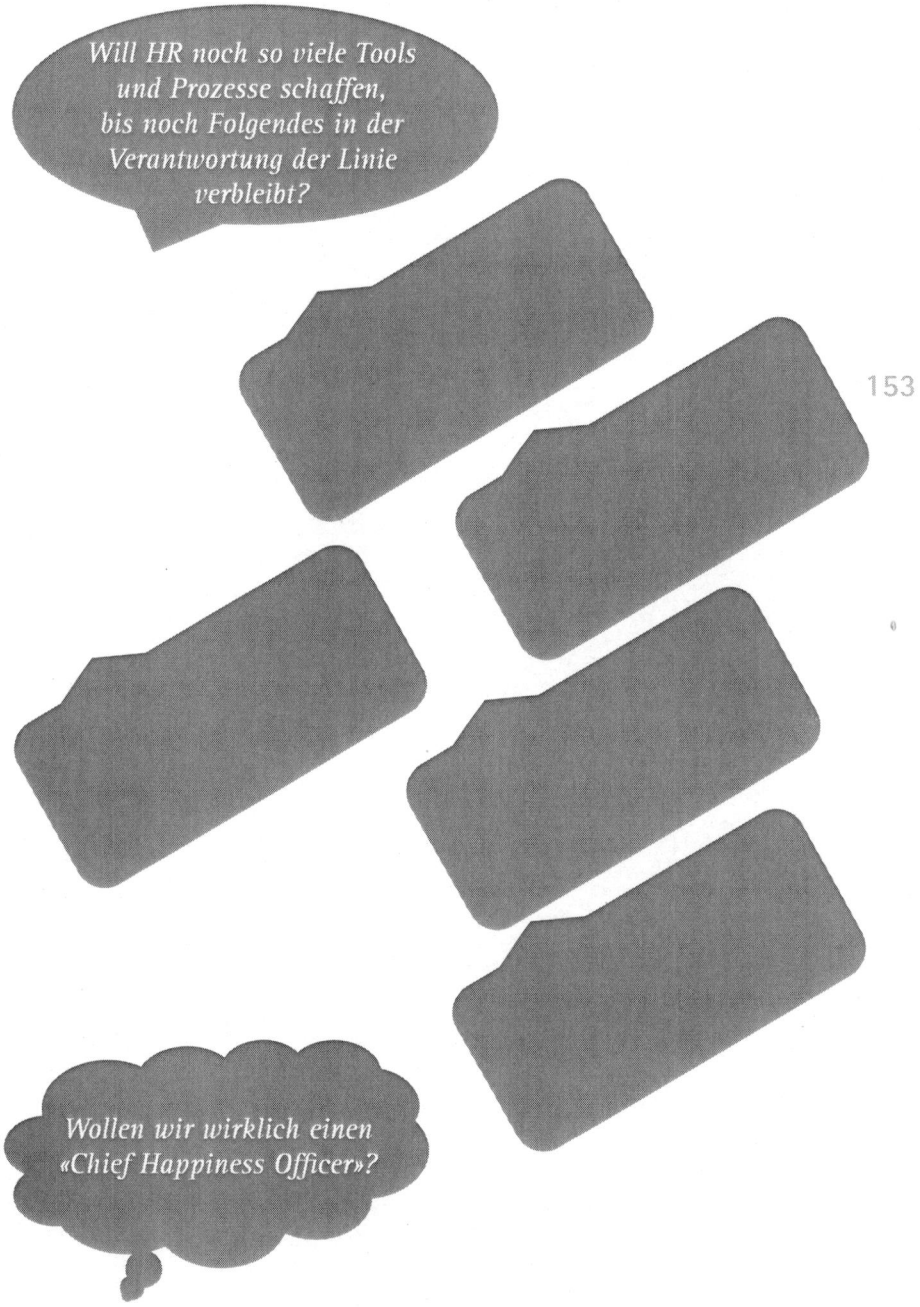

Will HR noch so viele Tools und Prozesse schaffen, bis noch Folgendes in der Verantwortung der Linie verbleibt?

153

Wollen wir wirklich einen «Chief Happiness Officer»?

9 Nicht immer halten sich die Menschen an unser Menschenbild.

Vor gut zwanzig Jahren wollte ich einen Text veröffentlichen unter dem Titel: «Der Mensch hat ein Recht darauf, ein Arschloch zu sein.» Meine Partner haben mir damals dringend von dieser Wortwahl abgeraten. Das ist nachvollziehbar, und dennoch bereue ich bis heute meine damalige Nachgiebigkeit. Manche Dinge verschwinden nicht dadurch, dass man sie nicht ausspricht.

Mit dem Menschenbild ist es so eine Sache. Wer die vorangegangenen acht Kapitel gelesen hat, dem wird nicht entgangen sein, dass ich *a priori* davon ausgehe, dass Menschen willens und fähig sind, Verantwortung zu übernehmen. Ein solches Menschenbild ist, wie jedes andere auch, kein empirischer Befund. Es ist ein vorläufiger Glaube an einen solchen Befund – bis zum Beweis des Gegenteils im konkreten Einzelfall. In meinem Fall beruht diese Wahl nicht zuletzt auf dem Wissen, dass man mit Hilfe der bereits besprochenen «Philosophie des Als Ob» nach Hans Vaihinger mitunter erreichen kann, dass das, was man sich erhofft, überhaupt erst wirklich wird. Unnötig zu sagen, dass dies nicht bei allem funktioniert.

Wiewohl ich in diesem Buch auch sehr oft Verständnis dafür geäußert habe, dass manche Menschen nicht bereit oder fähig sind, Verantwortung zu übernehmen – oder dass sie durch vielerlei Umstände oder signifikante Personen daran gehindert werden –, gibt es doch auch die unentschuldbaren Fälle. Hand aufs Herz: Auch Sie kennen Menschen, die die Verantwortung für alles und jedes nur bei anderen suchen, die zwar bestens wissen, was unsere Regierung alles falsch macht, aber nicht einmal bereit sind, in einem Lokalverein auch nur die kleinste

Verantwortung zu übernehmen, und in ihrer Arbeit stets allerhöchstens das tun, was ihnen jemand befiehlt, und jede Gelegenheit nutzen, um sich der Verantwortung für ihr Tun und Lassen entziehen zu können.

Nun ist es sicherlich nachvollziehbar, aber nicht besonders wissenschaftlich, diese Sorte Menschen mit dem eingangs erwähnten A...-Wort zu bezeichnen. Es wäre auch sehr oft falsch, da gerade für sie der Imperativ von *Hanlons Rasiermesser** gilt: «Schreibe nichts der Böswilligkeit zu, was durch Dummheit hinreichend erklärbar ist.» Wir wollen sie deshalb in diesem Kapitel ganz neutral und wertfrei als VV** – *Verantwortungs-Vermeider* – bezeichnen.

Solche Menschen, die VV, sind vermutlich nicht unter den Lesern dieses Buchs, und sie warten auch nicht darauf, von mir «bekehrt» zu werden. Es ist witzlos, sich unter verantwortungsinteressierten Menschen – sprich: Ihnen und mir – bloß über diese VV zu beschweren. Was hätten wir davon? Der Klassiker auf diesem billigen Weg der Beschimpfung von VV – wobei der Leser nie sich selbst im Auge haben musste! – war Reinhard K. Sprengers Buch «Prinzip Selbstverantwortung». Er selbst hatte immerhin X Auflagen davon...

Die Frage, die wir *an uns* selbst zu stellen haben, kann nur sein: Was können *wir* tun, wenn wir einem solchen*** VV gegenüberstehen? Diese Frage wiederum können wir erst beantworten, wenn wir mehr wissen über die Gründe, warum jemand «so» ist.

Und diese Gründe sind mannigfach.

---

* Der englische Begriff *Hanlon's Razor* (deutsch: Hanlons Rasiermesser) bezeichnet eine Lebensweisheit, die eine Aussage über den wahrscheinlichsten Grund von menschlichem Fehlverhalten trifft. Sie lautet englisch: *Never attribute to malice that which can be adequately explained by stupidity*. Oder kürzer: «Geh nicht von Böswilligkeit aus, wenn Dummheit genügt» (englisch: *Never assume malice when stupidity will suffice)*. [Wikipedia]

** Wenn ich solche Kürzel verwende – das war ja schon im achten Kapitel mit der V/A-Unterscheidung der Fall –, dann geschieht dies nicht, um das Schreiben zu erleichtern und das Lesen zu erschweren. Es signalisiert, dass mit dem Kürzel ein Sachverhalt bezeichnet wird, der nur gerade in der laufenden Argumentation heuristische (und keine ontologische) Geltung hat. Es macht keinen Sinn, außerhalb dieses Buches von VV zu reden – denn in der Wirklichkeit gibt es ja kaum Menschen, die ausnahmslos und überall ihre Verantwortung vermeiden.

*** Hier ist *nur* von VV die Rede, für die wir keine bessere «Entschuldigung» finden, als dass sie einfach doof oder schlecht seien. Natürlich sind das längst nicht alle VV (siehe Kapitel 4).

Individuelle Defizite bei Verantwortungs-Vermeidern

Kommen wir auf die Voraussetzungen zurück, die im siebten Kapitel aufgelistet wurden. Sie können – wo nicht erfüllt – vielleicht erklären, warum jemand das hier vertretene Menschenbild so gar nicht verkörpert. Doch selbst wo sie Erklärung bieten, ist die Frage «Was tun?» noch keineswegs beantwortet.

Da war zunächst die *Intelligenz*. Obwohl wir nicht einmal mit Bestimmtheit sagen konnten, ob Intelligenz – sprich: das, was Intelligenztests messen – für die Wahrnehmung von Verantwortung eine zwingende Voraussetzung darstellt, müssen wir doch einräumen: Sollte der Mangel an einer solchen Intelligenz *eine* Ursache für konkrete VV sein, dann stehen wir dem hilflos gegenüber. So erbittert die Schlacht um die Frage «Ist Intelligenz angeboren oder umweltbedingt?» in den letzten vierzig Jahren auch geführt wurde: Nicht einmal die hartgesottenen Umwelt-Betoner (die derzeit grad wieder unter massivem Sperrfeuer stehen) würden behaupten, es hülfe, bei einem VV zuerst mal die Intelligenz zu steigern, und flugs werde er dann schon seine Verantwortung übernehmen. Denn, wie Wilhelm Busch bemerkte: «Dummheit ist auch eine natürliche Begabung».

Nicht gänzlich anders ist es bei der *Persönlichkeit*. Nehmen wir einfach einmal an, gewisse Ausprägungen der *Big Five* – Extraversion, Verträglichkeit, Gewissenhaftigkeit, Neurotizismus und Offenheit – würden bei VV gehäuft auftreten. Was wäre damit gewonnen? Zwar ließe sich durchaus vermuten, dass zum Beispiel Verträglichkeit bei VV tiefer, Neurotizismus eher höher und Offenheit besonders tief ausgeprägt sind. Ich kenne keine Studien zu dem Thema. Aber selbst wenn ein solches Ergebnis empirisch evident wäre: Wir könnten nur resignieren. Denn die *Big Five* als die aktuell dominierende Konzeption der Persönlichkeitspsychologie umfassen per definitionem jene Merkmale der menschlichen Persönlichkeit, die stabil sind und bleiben. Die sich also nicht oder nur wenig verändern im Laufe der Ontogenese – zumindest *nachdem* eine Persönlichkeit weitgehend ausgereift ist (sagen wir mit rund dreißig Jahren).

Bei der (beruflichen) *Fachkompetenz,* die wir im siebten Kapitel ebenfalls zu den Voraussetzungen für die Bereitschaft und Fähigkeit, Verantwortung zu übernehmen, zählten, ist die Sache ein klein wenig erfreulicher. Denn selbstredend kann man jemanden oder kann sich jemand weiterbilden und höher qualifizieren. Aber unproblematisch ist es auch nicht, denn Weiterbildung funktioniert vor allem bei denen, die schon fortgeschritten sind. Das Matthäus-Prinzip lässt grüßen. Zu meinen, dass man jemanden, der tatsächlich *nur* wegen fachlicher Inkompetenz zum VV geworden ist, nach Belieben würde fachlich entwickeln können, ist eher fragwürdig. Denn wer *nur* an diesem Defizit leidet, der unternimmt vermutlich selbst auch etwas. Denn seine Intelligenz und seine Persönlichkeit würden ihn ja dann nicht als VV sehen wollen.

Was die *Ich-Entwicklung,* also die Reife der persönlichen Handlungslogik, angeht, dürfte der pädagogische Impetus des siebten Kapitels – Entwicklung von Verantwortung gleich Chance plus Überforderung – am besten greifen. Wo es *nur* an einer zu wenig fortgeschrittenen Ich-Entwicklung liegt, dass jemand (noch) ein VV ist, hätten wir also Interventionsmöglichkeiten.

Aber nicht genug mit den möglichen individuellen Defiziten in Bezug auf die im siebten Kapitel aufgezählten Voraussetzungen. Wir können ja angesichts eines VV auch einfach annehmen, dass er oder sie es einfach *nie gelernt* hat, Verantwortung zu übernehmen. Da verliert es sich rasch im Nebel, ob daran Eltern, Lehrer oder Vorgesetzte schuld sind. Und selbst wenn wir das wüssten, glaubten wir daran, dass Hans doch noch lernt, was Hänschen nie gelernt hat? So optimistisch könnten wir nur sein, wenn wir unterstellten, diesem VV sei in seinem ganzen Erwachsenenleben noch nie Verantwortung abverlangt worden. Das ist eher unwahrscheinlich.

Und weiter: Vielleicht es auch einfach *Charaktersache,* wenn jemand VV ist. Er will das einfach so, weil es für ihn wesentlich bequemer ist. Seiner egoistischen und verantwortungslosen Haltung käme das A... -Wort vielleicht am nächsten. Könnten wir denn einen solchen Charakter (im Erwachsenenalter) noch verändern? Ganz abgesehen davon, dass mit Charakter eher ein alltagssprachliches denn ein wissenschaftliches Konzept gemeint ist. Und zwar eines, bei dem man meist auch von weitgehender Unveränderbarkeit ausgeht.

Komplizierend kommt bei dieser Auflistung möglicher *einzelner Ursachen* von individuellen Defiziten im Verantwortungsthema hinzu: Woher sollen wir in einem Einzelfall wissen, *welche* von all diesen Quellen eines VV die ausschlaggebenden sind? Insbesondere weil hier eine gewisse Polymorbidität vermutlich den Normalfall darstellen dürfte.

Worauf ich hinaus will: Wir verfügen nur in den allerseltensten Fällen über die fundierte Diagnose, *dass* jemand tatsächlich ein VV ist – und *warum*. Nichtsdestotrotz werden wir sehr oft Menschen begegnen, die wir mit Überzeugung in die VV-Schublade sperren. Alles andere anzunehmen, scheint mir, wäre geheuchelt.

Die Frage lautet also: Was tun, wenn wir überzeugt sind, es mit einem (oder mehreren) VV zu tun zu haben, *wiewohl* wir darum wissen, dass unsere Diagnose auf überaus wackligem Grund steht und wir ätiologisch erst recht im Trüben fischen?

Die Frage stellt sich – im betrieblichen Umfeld – für Führungskräfte sehr oft und für potenzielle Partner in der beruflichen Zusammenarbeit nicht viel seltener. Also eigentlich jedem, der erwerbstätig ist. Im Grunde betrifft sie potenziell gar alle Menschen, da sie in jedem sozialen Zusammenwirken auftauchen kann. *Gestellt* wird die Frage hingegen nur von jenen Menschen, die nicht nur keine VV sind, sondern denen das Verantwortungsthema besonders am Herzen liegt. Nennen wir sie VB – die *Verantwortungs-Betoner.*

Wie können VB mit VV umgehen?

Keine der nachfolgend genannten Optionen stellt eine Erfolgsgarantie dar. Wir müssen sie eher als strategische Notbehelfe verstehen. Ich etikettiere sie im Folgenden als die fünf *i-Optionen: i*maginieren, *i*gnorieren, *i*ntegrieren, *i*nsistieren und *i*nfizieren.

Wem wie mir das Herz für VB schlägt, der wird, so lange es irgendwie geht, *imaginieren,* er stehe *nicht* VV gegenüber. Er wird mit Hans Vaihingers Philosophie des «Als Ob» tun, als stünde er VB gegenüber, und er wird mit der Formel unseres siebten Kapitels auf «Chance und Überforderung» setzen. Dies wird in jedem Fall einer direkten Ansprache bedürfen: Man muss explizit benennen, was man in der Verantwortung des anderen sieht, was man von ihm erwartet und warum. Dabei ist es vermutlich sinnvoll, *nicht* metakommunikativ und explizit auf das VV-Problem einzugehen, denn die Philosophie des «Als Ob» negiert

dieses ja und imaginiert unbeirrt, es mit VB zu tun zu haben. Freilich muss einem selbst dabei jederzeit bewusst sein, was gespielt wird – andernfalls hätte man die Geduld nicht, auf die Wirkung des «Als Ob» zu warten.

Einfacher ist es, das Problem gänzlich zu *ignorieren,* einfach, indem man ihm aus dem Weg geht. Man meidet die Interaktion oder Zusammenarbeit mit VV. Als Führungskraft macht man klar, dass man VV nicht duldet – und zieht notfalls personelle Konsequenzen. Dabei ist man selbst elegant aus dem Schneider. Dem VV hat man damit allerdings nicht geholfen. Es kann dies freilich ja auch nicht in jedem Fall unser Anspruch sein.

Man kann das Faktum auch akzeptieren und VV-Personen ohne Anspruch auf Verhaltens- und Einstellungsveränderung *integrieren.* Das läuft im Führungskontext auf die im achten Kapitel beschriebene Unterteilung der Mitarbeiterinnen und Mitarbeiter in eine V- und eine A-Gruppe hinaus – einschließlich der dort bereits genannten problematischen Gefühle einer solchen Zwei-Klassen-Welt gegenüber. Im Unterschied zur Option des Imaginierens braucht es hier zwingend Metakommunikation: Denn sonst wäre für die Beteiligten (die VV selbst, aber auch beteiligte VB) unverständlich, warum bei den einen das Vermeiden von Verantwortung einfach so akzeptiert wird. Denn was als Integration gedacht war, würde ohne entsprechende Metakommunikation womöglich als Apartheid erlebt. Etwas einfacher ist die Option des Integrierens außerhalb des Führungskontextes: Da kann man sie einfach als eine Art «Leben und leben lassen» praktizieren – in diesem Fall jedoch besser, ohne dies metakommunikativ zu thematisieren. Wieweit dies ohne Probleme möglich ist, bleibt fraglich. Denn laut Friedrich Schiller gilt: «Es kann der Frömmste nicht in Frieden leben, wenn es dem bösen Nachbarn nicht gefällt.» Was übrigens auch bei der zweiten Option, beim Ignorieren, zum Problem werden kann.

Bei der vierten Option geht es darum, auf Verantwortung zu *insistieren*. Sei es als Führungskraft oder als Kooperationspartner oder als gleichgestellter Mitspieler im sozialen Kontext: Man kann darauf insistieren, dass jeder VB zu sein habe. Hier ist eine explizite Metakommunikation zum Thema sicherlich zwingend. Man muss deutlich machen, warum man die Verantwortung betont. Wie erfolgversprechend diese Strategie ist, kann man nicht generell sagen. Aber was ein rechter VV ist, wird sich ja nicht einfach so eines Besseren belehren lassen. Es ist also zu vermuten, dass die Option des Insistierens früher oder später vermutlich in die zweite Option, das Ignorieren, übergeht. Aber im Einzelfall ist es sehr wohl möglich, durch ein hartnäckiges Insistieren bei einem VV – der es vielleicht tatsächlich einfach *noch* nicht gelernt hat – einen Entwicklungsschub auszulösen.

Eine fünfte Option setzt darauf zu *infizieren*. Das hier vertretene Menschenbild geht ja davon aus, dass es durchaus lustvoll und befriedigend ist, Verantwortung zu übernehmen. Wenn wir nun einen VV – mit List und Tücke sozusagen – dazu bringen können, auch einmal eine VB-Erfahrung zu machen, dann könnte dies durchaus ansteckend sein und die Offenheit für weitere VB-Erfahrungen stimulieren.

Ich sagte es schon: Die fünf i-Optionen sind nur strategische Notbehelfe, keine Erfolgsgarantien. Besonders befriedigend ist das nicht. Doch ist es besser, sich im konkreten Einzelfall bewusst mit diesen Strategien und ihrem möglichen Scheitern auseinanderzusetzen, als es einfach kopfschüttelnd beim A...-Etikett zu belassen. Man hat da als Verantwortungs-Betoner eine Art Meta-Verantwortung: Sich nämlich zu fragen, woran es liegt, wenn jemand VV ist und was man allenfalls dagegen tun könnte. VB zu sein genügt sich selbst nicht. Ich rede ja genau deshalb von Verantwortungs-*Betonern* und nicht von -Nehmern, weil sie Verantwortung – bei sich selbst wie auch bei allen anderen – als unhintergehbar sehen und VV nicht einfach akzeptieren können.

Keine Option ist für mich, dass man als VB selbst die Verantwortung eines VV übernimmt. Doch ist es wohl ausgerechnet diese Nicht-Option, die faktisch am allerhäufigsten gewählt wird. Im zweiten Kapitel wurde dies ausführlich erörtert und gezeigt, wie dadurch das Problem verschärft statt gelöst wird.

Ausgelassen haben wir bislang den Fall, wo jemand VB, sein Vorgesetzter jedoch VV ist. Da hat man schlechte Karten. Auch wenn der Begriff «Verantwortung übernehmen» heute vielfach schon fast synonym für die Übernahme einer Führungsposition verwendet wird: Da ist nur der Wunsch der Vater des Gedankens. Denn befördert werden Menschen aus vielerlei Gründen, und längst nicht jeder dieser Gründe ist gerechtfertigt. Somit können wir auch nicht unterstellen, die Fähigkeit und Bereitschaft, Verantwortung zu übernehmen, ginge in jedem Fall mit einer Beförderung einher. Kein Volksmund hat je herausgefunden: «Wem Gott ein Amt gibt, dem gibt er auch V...erantwortung». Womöglich gibt es sogar besonders erfolgreiche machiavellistische Karrierestrategien, die geradezu darauf aufbauen, eigene Verantwortung zu meiden. Für einen VB-Unterstellten eines solchen VV-Chefs kann man höchstens den Rat bereithalten, sich auf die Hinterbeine zu stellen, sich zu wehren oder zu gehen. Denn von den fünf i-Optionen dürfte hier die vierte nur selten, die zweite am besten und die anderen kaum funktionieren.

Wie viele Verantwortungs-Vermeider gibt es überhaupt?

Wenn wir hier nach den Verhaltens-Optionen für VB gegenüber VV gefragt haben, so stellt sich natürlich auch die Frage: Wie groß ist die Gefahr, auf VV zu stoßen? Wo sind sie zu erwarten? Nimmt ihre Zahl zu oder ab? Warum?

Zunächst: Unsere Unterscheidung in Verantwortungs-Vermeider und Verantwortungs-Betoner beansprucht nicht den Status eines wissen-

schaftlich-psychologischen Konzepts. Sie entspringt bloß einer alltags-
psychologischen Schubladisierung. Entsprechend können wir nicht belastbare empirische Daten darüber erwarten, wie viele VV und VB es
denn tatsächlich gibt und was sie in Sachen Alter, Bildung, Persönlichkeit und so weiter auszeichnet. Ich kann hier also nur spekulieren.

Meine *These* ist, dass die Zahl der VV zunimmt und dass dies einem
merkwürdigen Paradox geschuldet ist.

Der Zeitgeist – vor allem vom neoliberalen Flügel – wird nicht müde
zu behaupten, dass jeder seines eigenen Glückes Schmied sei. Jeder ist
voll und ganz für sich selbst verantwortlich. Wer reich ist, hat es verdient, wer arm ist, nicht minder. *You can get it if you really want,* lautet
die geltende Devise schon seit fünfundvierzig Jahren. Zwar «getten»
wir ziemlich wenig, aber wir werden gleichzeitig für alles verantwortlich gemacht respektive schuldig erklärt: Egal, ob wir reisen oder Kiwi
essen, ob wir ein Auto besitzen oder drei Kinder in die Welt stellen, ob
wir im Cheminée Holz verbrennen oder uns im Einkaufszentrum ein
Raschelsäckchen gönnen – wir sind verantwortlich für den Niedergang
der Welt.

Das betriebliche Derivat zu dieser gesellschaftlichen All-Verant-
wortlichkeitszuschreibung lautet: Jede und jeder muss unternehmerisch
denken. Bloßes Tun-was-einem-gesagt-wird darf es auf keiner Stufe
mehr geben. Es müsste offenkundig längst die *Hochzeit der VB* ausge-
brochen sein.

Parallel dazu aber erleben wir, dass auf allen Ebenen Handlungsspielräume eingeengt werden. Prozessdefinitionen geben mehr und
mehr vor. Normierung und Standardisierung sind die Norm und der
Standard. *Compliance!,* lautet das oberste Gebot der Stunde. Und Controlling wird kaum noch mit C, sondern lieber mit K geschrieben.

In der Folge rutscht die Verantwortung schrittchenweise weiter
nach oben in der Hierarchie. *«Cover your ass»,* heißt die Devise. Absicherung ist also alles. Glücklich darüber, offenbar doch gebraucht zu
werden, spielen viele Vorgesetzte das Spiel mit. Nur selten geben sie
den Ball zurück mit dem Hinweis: «Das ist *deine* Verantwortung!» Auf

dem Weg nach oben aber wird aus Verantwortung letztlich bloße Haftpflicht. Denn der sachlich-fachliche Durchblick bei der ursprünglichen Entscheidung – *De quoi s'agit-il?* – wird ja nicht selten schwächer, je hierarchisch ferner jemand steht.

Gleichzeitig wird aber «oben» die Verantwortung auch sehr oft gescheut. Die Strategie lautet dort aber: Absicherung bei Experten. Wann hat zum letzten Mal ein CEO der Presse ein Interview gegeben, das nicht von seinen Kommunikations- und PR-Fachleuten geputzt wurde? Wann hat zum letzten Mal jemand einen Kandidaten für eine wichtige Position eingestellt, ohne sich durch ein externes Assessment abzusichern? Wann wurde eine Reorganisation zum letzten Mal ohne Beizug von externen Beratern konzipiert? Und welcher unternehmerische Entscheid kann heute ohne das Plazet der Rechtsabteilung noch gefällt werden?

Es ist dieses Paradox, das einen beim Thema der Verantwortung manchmal in die Depression treiben könnte.

Aus dem Paradox (und der Depression) heraus kommt man nur, wenn man erkennt, dass sich das Thema Verantwortung auf dem Weg vom Zeitgeist zur Praxis klammheimlich von einem individuellen in ein systematisches Thema verwandelt hat. Hier lag ja schon der Webfehler in Reinhard K. Sprengers Buch «Prinzip Selbstverantwortung». Er sieht Verantwortung als etwas rein Individuelles. Er verkennt, dass das «Spiel», in dem Verantwortung genommen und gegeben, zugeschrieben und abgesprochen, eingefordert oder abgelehnt wird, ein soziales Spiel ist und daher letztlich primär *systemisch* verstanden werden muss. Natürlich haben individuelle Aspekte auch in einer systemischen Analyse ihren Platz. Aber man darf sich keinesfalls auf sie beschränken.

Wie sind die Zukunftsaussichten?

Es seien hier zwei unterschiedliche, gegensätzliche Szenarien nachgezeichnet. Für jedes der beiden Szenarien benenne ich einen Kronzeugen und resümiere seinen Standpunkt grob verkürzt. Beide Darstellungen sollten indes wirklich lediglich als Szenario – nicht etwa als Prognose – verstanden werden. Ihre Widerlegung kann daher ebenso wie ihre Verteidigung nicht das Ziel der Erwähnung sein.

Ken Wilber beschreibt das Goldene Zeitalter. Golden eingefärbt ist es bei ihm zwar nicht, sondern petrolfarben – *teal.* Es ist die holistisch geprägte Zeit der künftigen Organisationen. Manche der im vorliegenden Buch zitierten Autoren – Laloux insbesondere – sind von Wilbers Stufenmodell der Phasen der Menschheitsentwicklung inspiriert worden. Tatsächlich haben die bei Wilber beschriebenen Stufen (denen eben je eine eigene Farbe aus dem Regenbogenspektrum zugeordnet ist) durchaus eine gewisse historische Plausibilität. Keine Plausibilität hat aber die im Grunde lineare Fortschreibung der Geschichte, die Wilber betreibt (stellvertretend für viele Werke: Wilber 2014).

Wilber ist mir zu esoterisch, als dass ich ihm folgen könnte. Er hat eine Art Hegel'schen Weltgeist im Hinterkopf, auf den (oder von dem aus gesteuert?) er die Dinge zulaufen sieht. Das zwingende Aufwärts ist bei ihm – daran krankte schon der historisch-dialektische Materialismus – einerseits unausweichlich, andererseits aber doch auf unsere aktiven Bemühungen und unseren stetigen Kampf angewiesen. Allen solchen Modellen liegt zu Recht ein evolutionäres Denken zugrunde, das dann aber durch ein völlig unzulässiges Verständnis von Evolution als etwas Zielgerichtetem kontaminiert und dadurch gleich wieder ruiniert wird. Wenn ich Wilber hier dennoch erwähne, dann nur, weil er offensichtlich viele der fortschrittlichsten Organisationsdenker beeinflusst hat und weil seine Idee der Stufe «teal» inhaltlich ja eine durchaus begrüssenswerte Option dafür darstellt, wohin sich die Dinge bewegen *könnten.* Nur: Ob sie das tun, ist keineswegs garantiert.

Mit «teal» wird, wie gesagt, eine *holistische* Konzeption von Organisation etikettiert. Sie versteht die Organisation als Teil eines größeren Ganzen. Und sie baut auf der Selbststeuerung und Verantwortung aller auf. Organisationen konkurrenzieren sich in diesem harmonischen Weltbild nicht (mehr), sie orientieren sich vielmehr an gemeinsamen Werten, am Sinn ihres Tuns und am Beitrag zum Gemeinwohl. Das deck sich zweifelsohne mit vielem, was in diesem Buch auch vertreten wird. Nur den optimistischen schon Glauben, dass sich die Dinge dahin bewegen *müssten,* den kann ich leider nicht teilen.

Es könnte ganz gewiss auch anders kommen.

Yuval Noah Harari beschreibt die Vergöttlichung des Menschen. «Homo Deus» ist der Titel seines jüngsten Buchs, und er richtet mit der ganz großen Kelle an. Viele seiner historischen Einordnungen werden von Fachleuten scharf kritisiert oder zumindest als grobe Vereinfachung gegeißelt, aber mir gefällt seine jugendliche Frechheit gleichwohl. Er macht keine Prognose, sondern malt lediglich aus, wohin sich die Dinge entwickeln könnten, wenn die technische Entwicklung weiterhin so rasant verläuft (Harari 2017). Wer die Schriften von Ray Kurzweil (zum Beispiel 2013) kennt, wird unweigerlich an die (laut ihm: etwa 2045) bevorstehende sogenannte Singularität denken. Das ist der Moment, in dem künstliche Intelligenz die menschliche überflügelt.

In dieser Konzeption gilt der Mensch als ein suboptimaler Algorithmus, der nach Möglichkeit durch bessere Algorithmen zu ersetzen ist. Wir opfern dabei Freiheit, aber wir gewinnen Macht. Denn wir wären – so die Vertreter dieser Konzeption – ja wohl schlecht beraten, Algorithmen nicht zu folgen, die nachweislich bessere Entscheide treffen als wir selbst. Schon heute wird im Management der Glaube «data beats opinion» vertreten. In Hararis Szenario herrscht die neue Weltreligion des *Dataismus,* ergänzt durch einen *Techno-Humanismus,* der den Menschen gentechnisch und mit technisch-biologischen Hybriden weiter «optimiert». In letzter Konsequenz würde dies das Ende jeglicher Verantwortung bedeuten.

Auch wenn Harari vieles mit dem ganz dicken Pinsel malt: Die Basis seiner Argumentation ist zu stark, als dass man seine Folgerungen in Bezug auf ein mögliches Szenario einfach ignorieren könnte.

Im Grunde – auch wenn er das so nicht ausspricht – wird deutlich, dass Verantwortung an eine Konzeption von *freiem Willen* gebunden ist, wie sie paradoxerweise nur ein Homo sapiens kennt. Oder zu kennen meint. Denn viele Hirnforscher halten diese Vorstellung von freiem Willen bereits heute für eine Chimäre. Jeder *Homo Deus* wäre aber sicherlich darüber hinaus: er würde die Dinge streng datenbasiert errechnen, nicht entscheiden. Verantwortung wäre obsolet.

Zurück zur Gegenwart

Vielleicht ist das oben beschriebene Paradox, das uns *heute* beschäftigt, ja ausgerechnet solch widersprüchlichen, aber nicht undenkbaren *Zukünften* geschuldet. Denn Zukunft hat stets ihre Ankünder und Vordenker, ihre Vorläufer und Wegbereiter in der Gegenwart. Die können nicht unbemerkt bleiben.

Wir empfinden es tatsächlich *gleichzeitig* so, dass wir in Vielem die Verantwortung nicht nur für uns, sondern für unsere Kinder und womöglich die ganze Welt tragen (beispielsweise beim Umweltschutz) *und* dass wir auf immer weniger Dinge einen direkten, selbst zu verantwortenden Einfluss haben (beispielsweise in der beruflichen Arbeit) *und* dass wir nach Feldern suchen, in denen niemand dreinreden kann (selbst das Geschlecht wählen wir ja heutzutage selbst...).

Man könnte es schon als *das* Symbol unserer Zeit sehen: Jeder von uns hat schon Dutzende von Malen eine ellenlange Liste von Nutzerbestimmungen durchgescrollt und wahrheitswidrig angekreuzt, er habe sie gelesen und sei damit einverstanden. Nicht einmal uns selbst gilt unser Wort etwas. Gelassen schlürfen wir den Kakao, durch den man uns zieht. Klar, das ist eine in aller Regel völlig folgenlose Sache. Es soll auch nur als Symbol verstanden werden für das Paradox, dass man kenntnis- und folgenlos Verantwortung übernehmen kann und gleichzeitig für vieles die Verantwortung weiterreicht (in der Regel nach oben), für das man selbst durchaus die nötigen Kenntnisse hätte und oft auch die Folgen ganz alleine ausbadet. Die eingangs getroffene alltagspsychologische Schubladisierung in Verantwortungs-Vermeider (VV) und Verantwortungs-Betoner (VB) verweist vielleicht auf die zwei möglichen, individuellen und kontingenten Ausweichstrategien aus diesem Paradox: Entweder ich überlebe besser, wenn ich mich meiner

Verantwortung stelle (oder auch manchmal nur einer Illusion davon). Oder ich fahre besser, wenn ich mich vorsorglich jeglicher Verantwortung entziehe (oder mir auch bloß einbilde, das tun zu können). Und beides *unabhängig* davon, ob ich sachlich durchblicke, worum es tatsächlich geht! Es ist ein A-priori-Entscheid: Ohne eine klare andere Evidenz suche ich die Verantwortung bei mir (oder eben anderswo).

Hier zeigt sich der letztlich *arbiträre Charakter von Verantwortung*. Wir *entscheiden uns* dafür, Verantwortung zu übernehmen – oder eben nicht. Und wie schon im ersten Kapitel erwähnt, sind es nur die «prinzipiell unentscheidbaren» Fragen, über die wir entscheiden (Heinz von Foerster). Der Entscheid, etwas zu verantworten, erfolgt nur dann, wenn die Sache auch schiefgehen kann. Deshalb würde der vergöttlichte Mensch in Hararis Darstellung eines Techno-Humanismus ja keine eigene Verantwortung mehr tragen: Die Dinge wären beherrscht.

Das macht klar, was Verantwortung wirklich ausmacht: Verantwortung muss man genau dort übernehmen, wo man keine Garantie geben kann. Ich denke, man sollte Verantwortung in die ja nicht besonders kurze Liste von Dingen aufnehmen, die den Homo sapiens zum Homo sapiens machen. Verantwortung ist die empfundene (und vielleicht erklärte) Bereitschaft, die Folgen von etwas zu tragen, ohne diese Folgen völlig «im Griff» haben zu können.

Unter dieser Perspektive sollte unser Urteil über die VV womöglich etwas milder ausfallen als eingangs dieses Kapitels formuliert. Vielleicht sind sie ja bloß realistischer und schlauer als VB. Aber eine Welt mit VB bleibt nichtsdestotrotz attraktiver.

Nachbemerkung: Kein Menschenbild ohne Weltbild

Das hier vertretene VB-Menschenbild ist nicht bloß Hoffnung oder Blauäugigkeit. Es ist abgeleitet aus dem Weltbild, wie es sich aus dem *Radikalen Konstruktivismus* ergibt. Hinter diesem Namen steht eine Erkenntnistheorie, derzufolge wir die Welt nicht sehen, wie sie ist – sondern sie ist, wie wir sie sehen. Der Plural ist wichtig: Die Konstruktionen unserer Wahrnehmung sind kollektiv entstanden und werden sozial ausgehandelt. Es sind nicht beliebige individuelle Sichtweisen. Die Väter dieser Denkschule – Paul Watzlawick, Humberto R. Maturana, Francisco J. Varela, Ernst von Glasersfeld und Heinz von Foerster etwa – mögen mir diese vereinfachende Kürzestversion verzeihen, aber hier ist nicht der Ort für eine genauere Darstellung; ich verweise stellvertretend auf Glasersfeld (1996) und von Foerster (2006).

Nur *eine* Ableitung aus dem Radikalen Konstruktivismus will ich hier hervorheben: Wenn unsere Wahrnehmungen Konstruktionen sind, dann sind wir ihre Konstrukteure – und wer würde die Verantwortung für eine Konstruktion tragen, wenn nicht der Konstrukteur?

Das Radikale daran ist, dass wir also nicht nur für unser Tun und Lassen *verantwortlich* sind – wie es der VB-Sicht entspricht –, sondern sogar für unser Denken und Fühlen. Und das, obwohl uns die Hirnforschung gezeigt hat, dass man eigentlich nur «es denkt oder fühlt» sagen müsste. Statt «ich denke oder fühle». Denn wenn wir «ich» sagen, beziehen wir uns auf das Bewusstsein, und dem ist nun mal nur ein kleiner Teil unseres Denkens und Fühlens zugänglich. David Foster Wallace, der amerikanische Schriftsteller, hat in einer berühmt gewordenen, sehr eindrücklichen Rede vor College-Absolventen verdeutlicht, was es heißt, für seine Gefühle verantwortlich zu sein (Wallace 2012).

Und hier schließt sich unser Kreis: *Verantwortungs-Betoner* übernehmen Verantwortung und fordern das Gleiche von anderen, sie fragen nach ihrer Verantwortung (und der von anderen). Sie gestehen sich selbst (wie auch anderen) *ausnahmslos* einen eigenen Anteil an Verantwortung zu – und sei es nur die, wie sie über etwas denken oder es empfinden.

Mit keinem Wort ist in dieser definitorischen Annäherung an VB gesagt, wer an irgendeiner Sache «schuld» oder «Verursacher» ist. Und *dieser* Verzicht ist es, was Verantwortung ausmacht.

Denn wenn es beim Menschen überhaupt einen *freien Willen* gibt – was manche Hirnforscher ja entschieden in Abrede stellen –, dann liegt er hierin begründet: Im *A-priori-Entscheid pro VB* – wonach ich stets auf *meinen* Anteil an Verantwortung fokussiere, egal wer welchen anderen Anteil daran hat.

Verantwortung ist also ein Teil der *condition humaine*. – Auch VV können sich dem nicht wirklich entziehen. Ihre Vermeidungsversuche bleiben Ausblendungen. Aber da sie sich selbst so verhalten, als trügen sie tatsächlich keine Verantwortung, bleiben sie natürlich ein Ärgernis. Zumindest für VB.

Es gibt keinen optimistischen Grund zu meinen, das Problem würde sich von selbst erledigen. Jedenfalls dann nicht, wenn Albert Einstein recht behält mit seiner Feststellung: «Zwei Dinge sind unendlich: Das Universum und die menschliche Dummheit. Beim Universum ist man sich aber noch nicht ganz sicher.»

*Im Schwarz-Weiß des Alltags
begegnen wir beiden:
den VV (Verantwortungs-Vermeidern)
und den VB (Verantwortungs-Betonern).*

*Im Umgang mit VV haben wir fünf
Optionen als strategische Notbehelfe:
imaginieren,
ignorieren,
integrieren,
insistieren und
infizieren.*

*Ob künftig die VV
(weiter) zunehmen oder die VB,
ist kaum vorauszusagen.
Kämpfen wir für eine
VB-Zukunft!*

10   Was tun?
Projekt V.

Konzentrieren wir uns in diesem Kapitel ausschließlich auf die unternehmerische Welt und den Umgang mit dem Verantwortungsthema im *Führungskontext.* Gehen wir überdies davon aus, dass es in Ihrem Unternehmen aus guten Gründen nicht (oder noch nicht) möglich ist, eine radikale Umstellung der gesamten Organisation etwa in Richtung Holakratie oder anderer hierarchiefreier Modelle zu machen – im Sinne von Brian Robertson (2016) oder Frederick Laloux (2015, 2016) beispielsweise. Aber dennoch, so wollen wir annehmen, möchten Sie *möglichst viel tun, um Verantwortung bei allen Mitarbeiterinnen und Mitarbeiter sowie allen Führungskräften wo immer möglich zu stärken und jedenfalls nicht zu behindern.*

Was könnten Sie da tun?

Ohne Kenntnis Ihres Unternehmens lässt sich da nicht seriöserweise etwas hinreichend Konkretes sagen. Aber ich will versuchen, im Folgenden eine Art «Steinbruch» aufzutun, aus dem Sie sich bedienen können, wenn Sie bei sich das praktizieren möchten, was ich als *Qualitative Easing* bezeichne (Frei 2016, S. 171): die Lockerung der zugelassenen organisationalen Optionen und das Experimentieren mit neuen Möglichkeiten.

Sie könnten ein *«Projekt V»* starten, das aus beliebig vielen Einzelmaßnahmen des nachfolgenden Katalogs komponiert würde. Die dadurch vermutlich erzeugten innerbetrieblichen Widersprüche müssten Sie in Kauf nehmen und kommunikativ bewirtschaften: Sie müssten also gründlich und immer wieder deutlich machen, dass und warum es solche Widersprüche zwangsläufig gibt. Und Sie müssten Hilfe dafür bieten, mit diesen Widersprüchen im Einzelfall auf eine praktikable Weise umzugehen.

Die unten stehenden Maßnahmen gehen davon aus, dass es immer leichter ist, das zu beeinflussen, was man in der Soziologie das *Milieu* nennt. Leichter jedenfalls, als an der Psyche von Individuen direkt wirken zu wollen. Besonders bei einem Thema wie der Verantwortung, das doch ziemlich grundlegende Ebenen von *Persönlichkeit* und *Charakter* mit einschließt. Über die Gestaltung des Milieus kann zumindest der *Erfahrungsschatz* der Beteiligten bereichert werden, was dann ja nicht ganz ohne Einfluss auf deren Individualität bleiben dürfte.

Die im Folgenden aufgezählten Maßnahmen sind inhaltlich grob gruppiert. Die Reihenfolge der Aufzählung ist ohne Bedeutung. Logische Abhängigkeiten zwischen den einzelnen Maßnahmen werden hier nicht besprochen – müssten aber nach einer konkreten Selektion eines Teils der Maßnahmen sorgfältig bedacht werden.

Ich formuliere Lösungsansätze und einzelne Maßnahmen in einer fiktiven Wir-Form, als wären sie Teil eines *Manifestes* einer (ebenfalls fiktiven) Geschäftsleitung zum Projekt V.

Organisation

Wir unterstützen die Vielfalt der Optionen in der Organisation. Im Sinne eines *Qualitative Easing* lockern wir unsere Vorgaben bezüglich organisatorischer Lösungen und ermuntern unsere Bereiche und Abteilungen zu vielfältigen *Experimenten.* Zwingend sind aber drei Dinge:

Erstens, das *unternehmerische Motiv,* das hinter einem Experiment steht, muss klargemacht werden.

Zweitens, es muss verdeutlicht werden, inwiefern mit dem Experiment *Verantwortung* gefördert werden kann.

Drittens, es muss laufend über das Experiment *kommuniziert* werden. Wir richten dafür eine Intranet-Plattform ein. Die Form der Berichterstattung an alle anderen ist nicht vorgegeben.

Zweimal im Jahr veranstalten wir überdies einen *Unternehmenskongress,* in dem die gesammelten Erfahrungen zwischen den Verantwortlichen und allen Interessierten ausgetauscht werden.

Wir bilden eine kleine *Inspirationsgruppe*, bestehend aus geeigneten Personen, die allesamt nicht der Geschäftsleitung angehören. Sie vertreten niemanden außer sich selbst. Es sollen primär Ideen- und nicht Bedenkenträger sein; aber ein oder zwei mutige Bedenkenträger wollen wir auch dabei haben – sie können uns vor Dummheiten bewahren. Die Gruppe erhält ein kleines Budget, um Fallstudien bei anderen Unternehmen mit alternativen Organisationsformen machen zu können. Auf der genannten Intranet-Plattform soll auch darüber laufend berichtet werden.

Als organisatorische Stoßrichtung für all diese Experimente gilt: Wir streben bei den *Kernprozessen* unseres Unternehmens «End-to-end»-Prozesse an – also ein Prozessdesign, das immer vom Kunden her gedacht ist. Dazu können nur Prozesse gehören, die in ihrem Ergebnis tatsächlich Kundenmehrwert generieren. Alles andere sind Hilfsprozesse, die es ebenfalls zu definieren, vor allem aber radikal zu hinterfragen gilt: Braucht es sie wirklich, oder sind sie nur Gewohnheit? Dies gilt typischerweise etwa für Funktionen im HR oder im Controlling (siehe weiter unten).

Für jeden Prozess sind die Aufgaben als Tätigkeitsbeschreibungen, die zu seiner Realisierung erforderlich sind, mit den entsprechenden Leistungen sowie Befugnissen zu formulieren. Diese Tätigkeitsbeschreibungen sind als *Rollen* zu denken, aber es sei dahinter nicht unbedingt eine «Stelle» gedacht. Es dürfte ja eher die Regel als die Ausnahme sein, dass sich in einer Stelle – also bei einer Person – mehrere Rollen wiederfinden und nicht nur eine.

In manchen Fällen sind einzelne Rollen nicht unabhängig von anderen. Es ist daher das Netzwerk der funktionalen *Abhängigkeiten* zu beschreiben. Abhängigkeiten können zeitlicher Art sein (etwas muss vor etwas anderem gemacht sein) und sie können logischer Art sein (indem die Art, wie etwas gemacht wird, prädestiniert, wie etwas anderes zu machen ist). Diese Abhängigkeiten müssen vor der nächsten Maßnahme und im Hinblick darauf geklärt werden.

Die Gesamtheit der Rollen in Bezug auf die Kernprozesse wird zu clustern sein, um in sich möglichst geschlossene *Aufgabeneinheiten* zu schaffen, die mit ihrem Umfeld durch klar zu definierende Input-/Output-Größen verbunden sind. Nur so werden die strukturellen Voraussetzungen dafür geschaffen, dass später ein Team in kollektiver Verantwortung eine Aufgabe übernehmen kann. Dies scheitert nämlich leicht, wenn zu viele und zu schlecht definierte und beeinflussbare Abhängigkeiten zu anderen Bereichen existieren.

Für jede abgegrenzte und mit klaren Input-/Output-Kriterien eingebettete Aufgabeneinheit werden wir die technischen, informatorischen und finanziellen *Ressourcen* definieren und bereitstellen. Dieser Schritt setzt voraus, dass die im Bereich zu erzielenden Ergebnisse hinreichend klar beschrieben sind. Im Lichte der Digitalisierung muss hier dafür gesorgt werden, dass Daten und Informationen überall genau da zur Verfügung stehen, wo sie gebraucht werden, um auf allen Stufen verantwortlich handeln und die Folgen des eigenen Tuns beurteilen zu können.

Jedes eine Aufgabeneinheit verantwortende Team muss «bottom-up» erklären, welche *Hilfsfunktionen* es nicht selbst erbringen, sondern zentral (oder geteilt) beziehen möchte. Unter Umständen müssen hier zwischen verschiedenen Teams Kompromisse geschlossen werden.

Eine abschließende Bemerkung zu diesen Prozessdefinitionsmaßnahmen: Vieles von dem ist in unserem Unternehmen logischerweise bereits vorhanden. Wir machen diese Definitionen also nicht ganz von vorne. Aber es gilt, alles noch einmal *im Lichte der Verantwortungsfrage* zu prüfen. Sind all die bei uns geltenden organisatorischen Klärungen und Definitionen tatsächlich so, dass sie dazu beitragen, dass die Bereitschaft und die Fähigkeit aller, Verantwortung zu übernehmen, dadurch gestärkt und keinesfalls geschwächt werden?

Management

Wir machen einen «Frühlingsputz» im Hinblick auf die existierenden *Managementgremien* mit dem Ziel, ihre Zahl und die Zahl ihrer Mitglieder sowie ihre Häufigkeit und Dauer merklich zu reduzieren. Denn jedes Managementgremium trägt das Risiko in sich, anderen Unternehmensangehörigen die Verantwortung abzunehmen.

Wir überprüfen und verschlanken unsere *Kontrollmechanismen* mit dem Ziel, unnötige Bürokratie zu vermeiden und nur das an Informationen einzufordern, was für die übergeordneten Steuerungsprozesse nötig ist. Informationen sollen dem zur Verfügung stehen, der sie braucht, um seine Verantwortung wahrnehmen zu können. Im Normalfall also nicht in der gleichen Detailliertheit seinem Chef – weil der ihm sonst ungewollt die Verantwortung abnimmt.

Wir vertreten eine Politik des *Vertrauens*. Die riskante Vorleistung des Vertrauens bietet die Chance, dass das Vertrauen mit Gegenvertrauen honoriert wird. Daraus resultiert eine positive Vertrauensspirale. Diese wirkt sich auf die Führungsbeziehung in aller Regel äußerst produktiv aus. Und umgekehrt gilt eben: Ohne Vertrauen zu führen, erzeugt eine destruktive Spirale in den Führungsbeziehungen. Das sind daher unsere Überzeugungen, und von unseren Führungskräften erwarten wir, dass sie diese Überzeugungen teilen:

– *Vertrauen erzeugt Selbstvertrauen.* Wer seinen Mitarbeitenden vertraut, stärkt deren Selbstwertgefühl. Das spornt an und gibt gute Gefühle. Es ruft geradezu nach einer Leistung, die das Vertrauen rechtfertigt. Es gibt auch den Mut, an seine Grenzen zu gehen. Es nimmt die Angst vor den Fehlern. Und umgekehrt.

– *Vertrauen beweist Anerkennung.* Anerkennung bedeutet Wertschätzung. Wertschätzung wird geschätzt. Und Wertschätzung wird meistens auch zurückgegeben. In einer wertschätzenden Atmosphäre lässt es sich gut arbeiten. Reibungsverluste sind gering, und der Output ist entsprechend hoch. Und umgekehrt.

– *Vertrauen erleichtert die eigene Arbeit.* Wer seinen Mitarbeitenden vertrauen kann, braucht weniger Aufwand für seine Informationsbeschaffung. Er muss sich weniger darum sorgen, ob die Dinge denn auch tatsächlich gut laufen. Er kann sich darauf verlassen, dass er rechtzeitig erfahren wird, wenn irgendwo Probleme auftauchen und die Zielerreichung gefährdet ist. Und umgekehrt.

– *Vertrauen ersetzt nicht Kontrolle.* Aber Kontrolle ersetzt auch nicht Vertrauen. Kontrolle dient dem Informationsfluss von unten nach oben. Auf einer vertrauensvollen Führungsbeziehung basierend wird dieser Informationsfluss als sinnvoll, nicht als schikanierend, erlebt. Und umgekehrt.

Human Resources

Wir *trennen* strikt zwischen der Personaladministration und dem Personal- und Führungsentwicklungsbereich. Ersterer wird der Finanzabteilung unterstellt. Letzterer organisatorisch direkt beim CEO als eine kleine Stabsstelle angehängt. Einen klassischen «Personalchef» braucht es nicht. Wenn schon, ist das bei uns der CEO – er ist der oberste Chef des ganzen Personals…

Die *Personaladministration* wird unter der Zielstellung der Effizienz verschlankt und mit allen Mitteln der Digitalisierung unterstützt. Was ohne Qualitätseinbuße und womöglich kostengünstiger von außen bezogen oder nach außen verlagert werden kann, soll nicht von uns selbst gemacht werden. Denn Personaladministration ist keine Kernkompetenz von uns.

Die *Personal- und Führungsentwicklung* wird neu aufgestellt. Sie muss zunächst ein Konzept erstellen, aus dem der Beitrag all ihrer Maßnahmen zur Förderung und Unterstützung der Verantwortung aller im Unternehmen deutlich wird. Die Linie hat keine Abnahmepflicht gegenüber diesen Dienstleistungen. Ein Drittel der heutigen Instrumente aus dem HR-Werkzeugkoffer muss ersatzlos gestrichen werden. Von allen verbleibenden Tools muss jährlich mindestens eines ersetzt werden. Nach dreijährigem Einsatz wird ein Tool für ein Jahr ersatzlos außer Kraft gesetzt und danach bei nachweislichem Bedarf wieder neu erfunden. Wir sollten stets die treffende Warnung des Volksmundes im Auge behalten: «*A fool with a tool is still a fool.*» – Zu den Inhalten der Personal- und Führungsentwicklung siehe weiter unten.

Als erstes Tool, das außer Kraft gesetzt wird, bestimmen wir die *Zielvereinbarungen*. HR erhält den Auftrag, zu prüfen, was von diesem Ritual in welchem Kontext trotz allem wirklich sinnvoll ist und wodurch sich das alternativ zweckmäßiger erreichen ließe.

Führung

Wir werden ein mehrstufiges *Führungsassessment* in die Wege leiten. In einem ersten Schritt gilt es, in unseren Kaderlisten zu identifizieren, wer eine echte Führungsverantwortung hat. Jemand, dem beispielsweise nur gerade ein Assistent zugeordnet ist, gehört nicht auf diese Liste. In einem zweiten Schritt setzen wir eine Projektgruppe aus ein paar wenigen, fortschrittlich denkenden Führungskräften ein, die ein Führungsverständnis für unser Unternehmen formulieren sollen. Sie sollen dabei davon ausgehen, Führung unter der Prämisse zu denken, es gäbe *keine* Weisungsbefugnis. Auf der Basis dieses Verständnisses wird in einem dritten Schritt ein Assessment der Führungskräfte auf Basis einer *Peer-Review* durchgeführt und der Handlungsbedarf pro Führungskraft und kollektiv identifiziert. In einem vierten Schritt entwickeln wir geeignete Methoden, um den identifizierten Handlungsbedarf anzupacken.

Führungsentwicklung wird bei uns zu einem kontinuierlichen Prozess, in den alle Führungskräfte permanent (aber mit vertretbarem Aufwand) eingebunden sind. Steter Tropfen höhlt den Stein! (An dieser Stelle wäre noch der Werbeblock fällig, wonach die *Führungsbriefe* und die *Freibriefe* des Verfassers selbstredend hierfür geeignete innovative Methoden darstellen.)

Wir schaffen eine Regelung, die es möglich macht, eine Führungsfunktion ohne Status- und Lohneinbuße *aufzugeben,* wenn jemand erkannt hat, dass ihm Menschen nicht folgen würden, wenn sie nicht müssten. Oder wenn er sich zugegeben hat, dass er eigentlich gar keine Lust auf Führung hat.

Wir schaffen die Möglichkeit, *temporär* eine Führungsfunktion zu übernehmen, ohne dass dies sofort mit einer Beförderung verbunden sein muss. Dies soll erste Erfahrungen ermöglichen. Diese sollen systematisch durch Feedback unter den Beteiligten ausgewertet werden.

Wir suchen nach Möglichkeiten, Führungsfunktionen auch *teilzeitig* zu realisieren. Sei dies in einem entsprechenden Teilzeitanstellungsverhältnis oder als Teil einer 100 %-Anstellung, die noch andere Rollen beinhaltet.

Generell verstehen wir Führung als *den* Kulturpräger. Damit nicht kompatibles Verhalten wird als *Compliance-Issue* behandelt – da gilt Null-Toleranz. Diese bedeutet nicht, dass jemand bei Führungsfehlern sofort aus der Führung entfernt wird. Das würde nur ein Klima von Angst schaffen. Es bedeutet, dass erkannte *Führungsfehler* direkt angesprochen werden. Einfach die Augen davor zu verschließen, das geht nicht. Hilfestellung muss vor negativer Sanktion erfolgen.

Umgekehrt wird *gute Führung* ebenfalls konsequent thematisiert. Das öffentliche «Besingen» guter Führungsbeispiele soll als Verstärkung dienen. Und gute Führung soll künftig ein maßgebliches – wenn nicht *das* maßgebliche – Kriterium für Beförderung und Belohnung sein. Was «gute Führung» bedeutet, bemessen wir nicht etwa an der Beliebtheit bei den Geführten, sondern am Beitrag dieser Führung zu Fähigkeit und Bereitschaft der Geführten, Verantwortung zu übernehmen. Wir diskutieren mit unseren Führungskräften diesbezüglich wiederholt folgende Fragen, die wir als die *«Glorreichen Sieben»* bezeichnen:

– *Entscheidung:* Wo haben Sie welche Entscheidungen getroffen? Wo nicht? Was leitet Sie bei Ihren Entscheidungen? Auf welche Weise finden Sie mit Ihren Entscheidungen Akzeptanz? Wie setzen Sie Ihre Entscheidungen durch? Wie gehen Sie mit Entscheidungen um, die man Ihnen von oben vorgibt? Wie leben Sie mit den Entscheidungen Ihrer Mitarbeiter?

– *Entfaltung:* Womit erreichen Sie, dass Ihre Mitarbeiterinnen und Mitarbeiter mehr «geben», als sie dies ohne Ihre Führung getan hätten? Wie verhindern Sie Demotivation? Was leisten Ihre Leute, wenn Sie grad nicht daneben stehen oder hinterher sehen, wer was getan hat? Was tragen Sie dazu bei, dass Ihre Leute zu Hochform auflaufen und sich dabei auch noch wohlfühlen?

– *Entwicklung:* Was passiert mit den Leuten über die Zeit gesehen, in der Sie Führungsverantwortung für sie haben? Wodurch und wie entwickeln sie sich? Was ist Ihr Anteil daran? Was passiert mit ihnen, wenn sie (oder Sie) weggehen? Wo sehen Sie, dass eine Saat von Ihnen aufgeht?

– *Enttäuschung:* Wo und wie tragen Sie zur Klarheit im Unternehmen bei? Wo helfen Sie mit, dass man in Ihrem unternehmerischen Umfeld im positiven Sinn ent-täuscht wird? Dass man also Illusionen und Täuschungen (auch die eigenen!) als solche erkennt, mehr Durchblick erhält, realistischer und damit insgesamt handlungsfähiger wird?

– *Entlastung:* Womit tragen Sie dazu bei, dass die Arbeit für andere einfacher wird? Dass Organisation und Prozesse einfacher werden? Wie schaffen Sie auch für sich Entlastung? Womit helfen Sie, das Unternehmen von Altlasten zu befreien, die seine Zukunft belasten könnten?

– *Entgegnung:* Wogegen wehren Sie sich? Wo halten Sie entgegen? Wo nehmen Sie den Kampf auf und wo nicht? Wie behandeln Sie Ihre Gegner? Können Sie auch mal aus Gegnern Partner machen, und wie gelingt Ihnen dies? Wer schafft es, Ihr Gegner zu werden, und womit?

– *Entdeckung:* Wo haben Sie dazugelernt und für sich selbst neue Handlungsoptionen entdeckt? Wo haben Sie das Gleiche anderen ermöglicht? Wie brachten Sie Neues ins Unternehmen, und konnte sich Ihre Entdeckung fruchtbar integrieren?

Obwohl bei uns die formale Hierarchie weiterhin existiert, ist es Führungskräften im Rahmen des eingangs erwähnten *Qualitative Easing* freigestellt, ihre *Führung wie in einer hierarchiefreien Organisation* zu gestalten. In einer hierarchiefreien Organisation gibt es ja sehr wohl Führung. Die ist aber nicht an eine hierarchische Position gebunden, sondern eine Rolle unter anderen. Entsprechend kann sie durchaus teilzeitlich wahrgenommen werden und kann – wie andere Rollen auch – unter Umständen gelegentlich getauscht werden. Führung nimmt aber niemals anderen Menschen die Verantwortung ab, sondern berät und unterstützt die Teams in ihrer Arbeit. Dafür ist sie keineswegs nur reaktiv – als angeforderte Hilfe also – zu verstehen. Sie kann und soll ebenso gut aktiv sein und Fragen in die Teams tragen. Nur übersteuert sie nicht die geltenden Spielregeln der Entscheidfindung in diesen Teams, sondern sie respektiert, was in der Verantwortung der Teams oder seiner Mitglieder ist.

Insbesondere für das Prozessieren von *Entscheiden* (und damit auch für die Zuteilung von finanziellen Kompetenzen) müssen in solchen Teams also klare Spielregeln definiert werden. Dies dürfte für viele unserer Mitarbeiterinnen und Mitarbeiter sowie unserer Führungskräfte die fremdeste Maßnahme sein, und es ist sicherlich hilfreich, wenn wir hierfür beispielsweise von Holakratie-Beratern oder -Pionieren Unterstützung beiziehen. Wichtig ist zu wissen, dass es weder darum geht, dass «schlussendlich doch immer einer entscheiden müsse» und dass es ebenso wenig um demokratische Mehrheiten oder um gruppendynamischen Konsens geht. An der Frage der Spielregeln zeigt sich, ob
die Organisation das erfüllt, worum es uns im «Projekt V» geht: auf der Basis der Verantwortung aller in höchster Flexibilität und Agilität auf Kundenbedürfnisse und Marktanforderungen reagieren zu können. Dazu wollen wir wo immer möglich hierarchische Verknöcherung, Machtspiele und Bürokratie verhindern, aber wir wollen auch keine endlosen Diskussionsveranstaltungen.

In Bezug auf die unterschiedlichen Erfahrungen mit neuen Formen der Entscheidfindung führen wir einen *Auswertungsprozess*.

Entlohnung

Wir verschlanken unser *Lohnsystem*. Boni werden abgeschafft. Wir schaffen aber ein System der Gewinnbeteiligung. Jede und jeder im Unternehmen hat in diesem System Aussicht auf Gewinnbeteiligung. Der Beitrag zur Realisierung der Bedeutsamkeit des Unternehmens (siehe unten) und der Beitrag zur Förderung einer Verantwortungskultur sind die wichtigsten Bemessungsgrundlagen für die Gewinnbeteiligung. Denn diese beiden Faktoren schaffen die Voraussetzungen für den künftigen Gewinn unseres Unternehmens. Unser Gewinnbeteiligungssystem schaut damit nach vorne und belohnt nicht bloß die Erfolge der Vergangenheit, die ja immer auch von günstigen Umständen geprägt sein konnten.

Innerbetrieblich schaffen wir *Transparenz* über die Löhne – im Bewusstsein, dass dieser Schritt Konflikte auslösen wird. Wir wollen diese

Konflikte auf den Tisch bringen und zum Anlass nehmen, um Ungerechtigkeiten zu identifizieren und zu beseitigen. Wir wollen aber auch erreichen, dass unzutreffende Vermutungen nicht Anlass zu bloß empfundener Ungerechtigkeit geben können. Wir sehen im Entlohnungssystem keinen *Motivationsaspekt*. Höchstens ein zu vermeidendes Demotivationsrisiko. Diesen Standpunkt vertreten wir übrigens auch im Hinblick auf die Pflichten unserer Führungskräfte.

Informationspolitik

Für die Information unserer Mitarbeiterinnen und Mitarbeiter haben alle unsere Führungskräfte die folgenden *Regeln* zu befolgen:

§ 1   Informieren Sie unverzüglich, vollständig und transparent. Damit geben Sie nicht bloß Informationen weiter, sondern Sie beweisen Ihr Vertrauen.

§ 2   Sie müssen nicht grundsätzlich mehr wissen als Ihre Mitarbeitenden – höchstens während einer kurzen Vorlaufzeit. Aber Sie sollten Informationen besser verstehen und erklären können.

§ 3   Ihre Mitarbeitenden müssen nicht weniger wissen als Sie – sie sollen Sie wegen Ihrer Persönlichkeit respektieren, nicht wegen Ihres zurückgehaltenen Wissens.

§ 4   Sie brauchen keine Legitimation dafür, über etwas zu informieren. Sie brauchen aber immer eine gute Begründung dafür, über etwas nicht zu informieren.

§ 5   Geben Sie sich Mühe, interessant zu informieren. In keiner anderen Disziplin können Sie leichter Punkte holen: Stellen Sie den Bezug her zwischen den Informationen und der Arbeit Ihrer Leute.

§ 6   Geben Sie den Mitarbeitenden immer Gelegenheit, Fragen zu stellen. Interpretieren Sie es als Ihren Fehler, wenn die Leute keine Fragen stellen.

§ 7   Verstehen Sie es als Ihre wichtigste Aufgabe, gut informierte Mitarbeitende zu haben. Die Bühne gehört Ihnen – genießen Sie dieses Privileg!

§ 8   Sorgen Sie dafür, dass Sie selber alle nötigen Informationen erhalten. Diese elf Gebote der Mitarbeiterinformation gelten auch für Ihre/n Chef/in.

§ 9   Bestrafen Sie desinteressierte Mitarbeitende. Wer sich nicht für arbeits- und firmenwichtige Informationen interessiert, hat bei Ihnen längerfristig nichts verloren.

§ 10   Haben Sie keine Angst, es könnte etwas in die Zeitung kommen. Es kommt sowieso in die Zeitung.

§ 11   Seien Sie neugierig – gierig auf neue Informationen!

Personalentwicklung

Mit Blick auf die definierten Rollen in Kern- wie auch Hilfsprozessen (siehe oben, Organisation) werden wir eruieren respektive überprüfen, wer in der Belegschaft über die notwendige Erfahrung, Ausbildung, Fähigkeit, Fertigkeit und persönliche Bereitschaft verfügt, um eine bestimmte Rolle wahrzunehmen. Pro Person müsste mindestens eine, mitunter aber auch eine ganze Anzahl von Rollen zuzuordnen sein. Danach ist zu klären, ob der vorhandene Personalbestand erlaubt, alle Rollen adäquat zu besetzen. Eine Rolle lässt sich vielleicht auch bloß teilzeitlich einer Person zuordnen. Wo dieses *Zusammenbringen von Rollen und Personen* nicht aufgeht, können Ausbildungs- oder Rekrutierungsmaßnahmen notwendig werden. Außerdem kann es sich erweisen, dass im Personal Skills vorhanden sind, die nicht (mehr) gebraucht werden. Insbesondere sollten sich ja manche bürokratische Funktionen als überflüssig erweisen.

In Bezug auf *Schulungsmaßnahmen* legen wir ein Schwergewicht auf jene Interventionen, die Menschen dabei unterstützen, in voller Verantwortung in ihrer Rolle und bezüglich des ganzen Unternehmens tätig zu sein. Wir sehen einen Beitrag darin, auch soziale Plattformen bereitzustellen, auf denen Erfahrungen im Umgang mit Verantwortung und Reflexionen darüber ausgetauscht werden können. Diese Plattformen können physisch oder virtuell sein.

Besonderen Wert legen wir auch darauf, auf allen Stufen eine Art *Inkompetenzkompensationskompetenz* zu entwickeln. «Nobody is perfect», aber Profis wissen auch, was sie nicht können. Das heißt, echte Könner belügen sich nicht über die Grenzen ihres Könnens. Sie belügen auch andere nicht darüber. Sie wissen, was sie sich zutrauen können und was nicht. Und weil sie andere Dinge eben sehr wohl können, getrauen sie sich auch zu sagen, was sie nicht können. Sie lehnen dann eine entsprechende Aufgabe ab. Oder sie holen sich Hilfe. Oder sie versuchen erst zu lernen, was sie noch nicht können. Ein solches Denken wollen wir kollektiv fördern.

Wir fördern auch *Fachkarrieren* (als Spezialist ohne Führungsaufgaben). Dabei muss sichtbar respektiert werden, dass es ebenfalls gut ist, wenn jemand einfach in seinem Job gut ist und das auch bleibt. Wir respektieren, wenn jemand keine hierarchische *Karriere* machen will. Karriere ist keine Pflicht bei uns, und wir halten auch nicht nur jene für voll engagiert, die eine Führungsposition anstreben. Wir wünschen uns in unserem Unternehmen also eine Kultur, die nicht allein die hierarchische Karriere wertschätzt.

Wir erwarten von all unseren Mitarbeiterinnen und Mitarbeitern und Führungskräften, dass sie ihre eigene *Resilienz* stärken, und wir wollen sie dabei unterstützen. Resilienz ist die Kraft, einmal mehr aufzustehen als hinzufallen. Diese Kraft ist in einer VUCA-Welt (geprägt durch Volatilität, Unsicherheit, Komplexität, Ambiguität) unabdingbar. Diese Erwartung nimmt Führungskräfte keineswegs aus der Verantwortung, darauf zu achten, wie ihre Mitarbeiterinnen und Mitarbeiter diesbezüglich dastehen. Führungskräfte, aber auch Peers, haben eine Pflicht zur Unterstützung ihrer Mitarbeiterinnen und Mitarbeiter respektive Kolleginnen und Kollegen. Denn soziale Unterstützung ist eine wichtige Voraussetzung für Resilienz.

Wir werden ein *Peer-Rating* einführen, das den Umgang mit der eigenen Verantwortung und den Beitrag zum Erfolg unseres Unternehmens bewertet und den Einzelnen spiegelt. Die Resultate gelangen nur den jeweils Betroffenen zur Kenntnis – weder Vorgesetzte noch HR haben Zugang dazu. Lediglich eine anonymisierte Auswertung der aggregierten Daten wird zugänglich gemacht – und zwar allen im Unternehmen.

Wenn unser Insistieren auf Verantwortung unsere *Personalfluktuation* erhöht, nehmen wir das in Kauf. Wir respektieren, wenn jemand nicht Verantwortung nehmen will – aber nicht bei uns.

Eine Ausnahme von dieser radikalen Einstellung gibt es in eng definierten Aufgabenbereichen, die wir (vorerst) weder auslagern noch automatisieren können, obwohl wir dies gerne täten. Diese Ausnahmebereiche sind als reine *Hilfstätigkeiten* konzipiert und stehen Menschen offen, die hier nur gerade einen 8-to-5-Job machen, aber sich darüber hinaus nicht engagieren wollen. Diese Jobs sollen nicht nur von Wenigqualifizierten übernommen werden. Wir streben eine Vermischung mit beispielsweise Studierenden an, die einen Nebenverdienst brauchen. Es scheint uns eine gesellschaftlich sinnvolle Maßnahme zu sein, solchen künftig Bestqualifizierten den Unterschied erlebbar zu machen zwischen einer verantwortungsbasierten Arbeit und ihrem Gegenteil.

Sinn

Menschen suchen Sinn bei dem, was sie tun. Sinn ist etwas Subjektives, das sich aber natürlich auch aus objektiven Gegebenheiten speist. Macht es überhaupt einen Unterschied für einen Menschen, ob er bei uns arbeitet oder nicht? Wir wollen daher explizit verdeutlichen, worin die *Bedeutsamkeit* unserer Unternehmung besteht. Die Bedeutung und der Nutzen unserer Arbeit, unserer Produkte und Dienstleistungen muss nachvollziehbar und potenziell handlungs- und entscheidungsleitend sein. Es darf sich bei der Ausformulierung dieser Bedeutsamkeit nicht um eines dieser wohlklingenden, aber doch nichtssagenden Vision/Mission-Statements handeln, die heute üblich und meist völlig überflüssig sind (weshalb die Management-Literatur inzwischen übrigens lieber nach dem *purpose* ruft). Und die Formulierung muss von unserem Top-Management bedingungslos ernst gemeint sein. Weder Wachstum noch Gewinn können Teil davon sein – sie sind bestenfalls die Folge eines erfolgreichen Tuns.

Die Bedeutsamkeit einer Unternehmung muss sich daran bemessen, welchen *Kundennutzen* Produkte und Dienstleistungen schaffen und welchen Beitrag zu einem *guten Leben* aller darin Engagierten sie leistet. Ein «Rasiermesser» für Nachhaltigkeit beschneidet beides in dem Falle, wo der Nutzen unserer Kunden oder das gute Leben unserer Unternehmensangehörigen auf Kosten von anderen gehen könnten.

Alles, was sich zum Thema *Motivation* sagen lässt, muss einerseits von unseren Unternehmensangehörigen bereits mitgebracht und andererseits durch die Bedeutsamkeit unseres Unternehmens genährt werden. Motivation kann weder durch Führung noch durch ein «tolles» Klima erzeugt werden.

Innovation und Weiterentwicklung des Unternehmens

Ziel für die Weiterentwicklung unserer Firma ist es, das Unternehmen selbst das *Laufen* zu lehren: Es soll nicht mehr durch Change-Management-Projekte von außen (oder oben) gestoßen und bewegt werden. Denn das erzeugt immer auch Widerstand: a*ctio gleich reactio!* Wenn die ganze Organisation von innen heraus beweglich wird, dann ist der Entwicklungsprozess selbstgesteuert und wird nicht als Störung eines Gleichgewichts empfunden.

Die Realisierung dieser Entwicklungsphilosophie gelingt nur, wenn wir es schaffen, in kleinen Einheiten *Selbstführung* zu implementieren. Innovation kann nicht von oben herab verordnet werden. Sie kann auch nicht allein aus wenigen kleinen «Beibooten» stammen, die flink um ein ansonsten träges Mutterschiff herumflitzen. Sie muss vielmehr überall dort entstehen, wo veränderte Umfeldbedingungen überhaupt Weiterentwicklung erfordern. Oder dort, wo es sich antizipieren lässt, mit welchen Entwicklungen wir uns für die Zukunft besser rüsten würden. Im Prinzip kann dies überall im Unternehmen der Fall sein. Je besser «vor Ort» agil auf Veränderungen reagiert wird, desto größer die Innovationsbereitschaft und die Innovationskraft in unserem ganzen Unternehmen.

Innovation ist ja nicht einfach gleichbedeutend mit guten Ideen. Auf die Umsetzung kommt es an. Wir werden deshalb Schulungen in einer systematischen *Innovationsmethodik* anbieten, um das Wissen darum, wie es zu Innovation kommt und was es braucht, damit sich Innovation auch durchsetzen kann, im Unternehmen breit zu verankern.

Wir sehen die Entwicklung unseres Unternehmens insgesamt aber als nicht exakt plan- und steuerbar – es ist ein *evolutionärer Prozess*. Es gilt, experimentierfreudig zu sein, möglichst viele Erfahrungen zu sammeln, diese auszuwerten, nicht Brauchbares zu verwerfen und auf das Nützliche weiter aufzubauen.

Egal, was das faktische Warum für einen Veränderungsschritt ist – uns interessiert nur das *Wozu*. Denn nur das kann – wenn es erkennbar aus einem Erfolgspotenzial unseres Unternehmens hergeleitet ist – für die Beteiligten auch Energie erzeugen.

Das Projekt V stellt den methodischen Rahmen dar, in dem im eingangs angekündigten halbjährlichen *Unternehmenskongress* die Fortschritte in Innovation und Unternehmensentwicklung überprüft und bewertet werden.

Wir sehen uns als Geschäftsleitung in der Pflicht, *Serendipität* zu nutzen – also zu erkennen, wenn sich neue und überraschende Erfahrungen und Lehren ergeben, auch wenn wir sie nicht gesucht haben. Wir verstehen uns nicht als die Generalplaner, die alles und jedes planen oder gar vorhersehen können.

Unser Ziel ist eine *lebendige und lernende Organisation*. Ihre schrittweise Schaffung und stetige Weiterentwicklung liegt in unserer Verantwortung.

*

Es versteht sich ja von selbst, dass dieser «Steinbruch» kein vollständiges und durchdachtes Konzept für ein *konkretes* Unternehmen ersetzen kann. Er will nur Anregungen geben. Und erst in der konkreten Ausgestaltung erweist es sich, ob eine Maßnahme tatsächlich pro Verantwortung wirkt. Auch hier gilt es, seine Absicht nicht mit seiner Wirkung zu verwechseln.

Wie oft auch immer Sie beim Lesen dieses Manifests vielleicht den Kopf geschüttelt oder sich geärgert haben: Beruhigen Sie sich! Was immer Ihnen nicht sinnvoll erscheint, schmeißen Sie weg. Aber suchen

Sie sich aus, was für Ihr Unternehmen weiterführend sein könnte – und *machen Sie etwas daraus.* Für den obigen Katalog gilt wie in manchem Rechtsvertrag die salvatorische Klausel: Eine Idee kann immer noch gut sein, auch wenn Sie die davor oder die danach oder gar sämtliche anderen nicht überzeugen.

190

Um stets auf Verantwortung setzen zu können, müsste die Hierarchie als leitendes Organisationsprinzip weg.

Wo das nicht geht, kann «Qualitative Easing» helfen, dennoch immer mehr auf Verantwortung zu bauen.

Ein «Projekt V» kann hier ansetzen:

Organisation.
Management.
Human Resources.
Führung.
Entlohnung.
Informationspolitik.
Personalentwicklung.
Sinn.
Innovation und Weiterentwicklung des Unternehmens.

Eigentlich überall.

Dies ist nur ein Steinbruch: Die Steine müssen selbst ausgewählt, behauen und geschliffen werden.

11   Verantwortung:
Eine Entscheidungsfrage.

Gespräche über das Thema «Verantwortung» führen mitunter an den Punkt, wo jemand bezweifelt, dass man Verantwortung isoliert betrachten kann. Kommt es denn nicht auch auf die *Motivation* an? Ist jemand beispielsweise bereit, Verantwortung für eine Aufgabe zu übernehmen, wenn er für diese gar nicht motiviert ist? Oder: Als Vorgesetzter kann man seinen Leuten doch nur dann konsequent Verantwortung zugestehen, wenn man hinreichend *Vertrauen* zu ihnen hat. Motivation und Vertrauen sind nur zwei Beispiele für in der Nähe liegende Themen, sobald man über Verantwortung nachdenkt. Man könnte andere anfügen.

Sicherlich sind derartige Überlegungen zur Ausweitung des Themas nicht von der Hand zu weisen. In dem fiktiven Manifest einer fiktiven Geschäftsleitung im vorangegangenen Kapitel habe ich deshalb auch einige wenige Anmerkungen zu solchen Umfeld-Themen gemacht. Aber bei der begrifflich-konzeptionellen Annäherung an das, was Verantwortung ist oder sein kann, scheint mir die Isolierung des Themas zielführender.

Der Grund dafür liegt nicht nur in der drohenden Überfrachtung der Analyse (und Überforderung des Autors), sondern ebenso in der Überlegung, dass thematische Ausweitungen dazu verleiten können, dem Kern des Themas auszuweichen. Das meine ich in einem doppelten Sinn. Zum ersten bezogen auf die theoretischen Reflexionen in diesem Buch, zum zweiten aber bezogen auf die pragmatischen Reflexionen, die eine Leserin, ein Leser des Buchs mit Bezug auf die eigene Verantwortung anstellt. Auch ihnen (Ihnen!) soll das Ringen mit der

Verantwortung nicht durch Ausweichgelegenheiten erleichtert oder gar erspart werden.

Erschwert wird dieses Ringen dadurch, dass sich Verantwortung nicht sauber definieren lässt.

Definitionsprobleme

Schon verschiedentlich sind wir in diesem Buch über die terminologische Unschärfe des Begriffs «Verantwortung» gestolpert. Nicht immer lässt sich Verantwortung klar abgrenzen von beispielsweise Zuständigkeit, Rechenschaftspflicht, Haftung, Entscheidungskompetenz und wohl noch zahlreichen anderen Begriffen. Gewiss bilden auch die Verwendungen in den vorgegangenen Kapiteln eher ein *fuzzy set* als eine klare Entität. Soll man darüber klagen? Kann man dies mit einer präzisen Definition verhindern?

Zwei Mal Nein. Es macht, so bin ich überzeugt, die Kraft des Begriffs «Verantwortung» aus, dass er sich mit manch anderen überschneidet. Definitorisch lässt sich kaum etwas gewinnen. Jede hier denkbare Definition hätte nicht die Vorteile, die die Physiker haben, wenn sie einen Meter als die Länge der Strecke, die das Licht im Vakuum während der Dauer von $\frac{1}{299\,792\,458}$ Sekunde zurücklegt, definieren. Gemeinsam wäre einer exakten Definition von Verantwortung und jener eines Meters höchstens, dass sie zwar irgendwo aufgeschrieben und für Wissenschaftler wichtig wäre, im Alltag aber von absolut niemandem gebraucht würde. Oder rennen Sie dem Licht nach, wenn Sie Länge und Breite Ihrer Küche ausmessen wollen?

Definitionen sind nicht immer die Lösung

Begriffe wie Verantwortung lassen sich höchstens in ihren vielfältigen Verwendungen ausleuchten. Nicht selten sind dabei auch historische Veränderungen in der Verwendung aufschlussreich. Aber kaum je dürfte das Resultat dieser Klärungen eine befriedigende Definition sein. Es ist ja interessant zu sehen, dass nicht einmal «Definition» eindeutig und abschließend definiert ist. Wer Wörter durch Wörter definiert, multipliziert unter Umständen nur den Definitionsbedarf. Entsprechend hat ja Hans Jonas in seinem Klassiker, *Das Prinzip Verantwortung*, Verantwortung (vor allem im Hinblick auf die modernen Großtechnologien) eher gefordert, als dass er sie definiert hätte (Jonas 2003; vgl. auch Mieg 1994).

Manchmal dürfte es weiser sein, sich an den verstorbenen amerikanischen Bundesrichter Potter Stewart zu halten. Als der Richter am Obersten Gerichtshof der USA 1964 in einem einschlägigen Prozess gefragt wurde, wie er denn «Pornografie» definiere, antwortete er: «Wenn ich sie sehe, erkenne ich sie.»

Man kann Begriffe nicht von ihrer Verwendung trennen. Und diese nicht vom Verwender. Wenn ich von einem anderen sage, der trage für dies oder jenes die Verantwortung, so denke ich dabei vielleicht an seine Pflicht oder an seine Haftung oder an seine Zuständigkeit oder an seine Schuld, wenn er Fehler macht. Wenn ich von mir sage, ich trüge für etwas Bestimmtes die Verantwortung, so kann das zwar eine ähnliche Vielfalt aufweisen, aber es kommt in jedem Fall auch noch ein *Empfinden* dazu. Es macht geradezu das Wesen von Verantwortung aus, dass es sich aus unterschiedlichen Perspektiven unterschiedlich ausnimmt.

Wenn ich bei Rot über die Straße laufe und angefahren werde, dann bin ich dafür verantwortlich und an meinem Unglück schuld. Wenn ich bei Grün über die Straße laufe und angefahren werde, dann bin ich rechtlich nicht schuld, aber ich mache mich vielleicht dennoch selbst verantwortlich, weil ich beispielsweise meine AirPods trug und das (widerrechtlich) herannahende Auto deswegen nicht hörte. Oder auch nur deswegen, weil ich blind auf das Grünlicht vertraut habe, ohne nach links und rechts zu schauen.

Wir haben in diesem Buch schon so viele erdachte oder konkrete Beispiele diskutiert, dass es hinreichend klar sein sollte, dass sich Verantwortung konzeptionell nur umkreisen, aber nicht definitorisch fangen lässt. Und dieses Unscharfe ist immer auch das Prekäre an der Verantwortung. Prekär meint hier: ich kann mich fast immer herausreden, wenn ich die *Empfindung* von Verantwortung *nicht* habe. Vor dem Richter und dem Urteil meiner Mitmenschen oder der Öffentlichkeit bewahrt mich das vielleicht nicht. Aber in meinem Selbstbild kann ich meine Verantwortung vielleicht ganz erfolgreich ausblenden. Dazu passt, dass, je weniger Verantwortung lebt, desto schneller auf Verantwortliche verwiesen wird: auf Politiker, Sicherheitskräfte, Manager oder die Gesellschaft. Unbeachtet bleibt dabei, dass, wer mit dem Zeigefinger auf andere weist, drei Finger auf sich selbst richtet...

Gleichzeitig nehmen die begrifflichen Unschärfen aber auch Einfluss auf meine Empfindung von Verantwortung. Wenn ich beispielsweise weiß, dass mir rechtlich Haftung für etwas droht, oder wenn man mich für etwas für zuständig erklärt hat oder wenn mir eine bestimmte Entscheidungskompetenz zugestanden wurde, dann fließt das alles ein in mein Empfinden meiner Verantwortung. Den begrifflich-theoretischen Unschärfen und Überlappungen dürfte psychisch Analoges entsprechen: Auch in unserem Kopf ist nicht in jedem Fall klar, wofür genau und bis wohin wir uns tatsächlich verantwortlich fühlen. Und unsere diesbezügliche Wahrnehmung wird sehr oft auch nicht stabil sein, sondern sich im Laufe der Ereignisse verändern.

Die Definitionsunklarheiten um den Verantwortungsbegriff sind also kein Grund zur Klage, sondern ein *Schlüssel,* mit dem wir klarer begreifen können, worauf es bei der Verantwortung ankommt: Auf die persönliche *Empfindung.* Wenn ich diese Empfindung einfach «habe» - mich also verantwortlich *fühle,* dann besteht eine faire Chance, dass ich zumindest versuche, mich auch verantwortungsvoll zu verhalten. Wir könnten also sagen: Sobald diese Empfindung gegeben ist, sind wir fündig geworden beim Gegenstand dieses Buchs. Denn das ist es ja, was wir suchen, dass nämlich Menschen sich ihrer Verantwortung nicht entziehen, sondern diese übernehmen.

Bloß: Woher kommt diese Empfindung? Was, wenn ich sie partout nicht habe? Was, wenn ich mich also ganz und gar nicht verantwortlich fühle, sondern meinen Chef in der Verantwortung sehe oder dessen Chef, meine Kollegen, den Staat, die Umstände - wer sich so anbietet?

Eine Entscheidungsfrage

Wir haben schon davon gesprochen, dass der Mensch vieles wollen kann, aber er kann nicht *wollen* wollen. Daraus lässt sich nun aber keineswegs ableiten, dass keine Verantwortung *hat*, wer keine Verantwortung *will*. Denn es ist ja nicht nur unser Wille, der uns steuert. Wir sind fähig zur Reflexion und zur Einsicht. Im Laufe unserer Ich-Entwicklung können wir zu der generalisierten Erkenntnis gelangen, dass wir bei allem, was wir tun oder lassen, einen eigenen Anteil haben – und dass wir dafür Verantwortung tragen.

Es ist nicht immer leicht zu erkennen, was der eigene Anteil ist. Doch es gibt immer einen. Nur wer sich darüber klar ist und ganz bewusst danach sucht, worin der eigene Anteil besteht, dem wird es gelingen, die eigene Verantwortung zu stärken. Und er muss willens sein, dann auch verantwortlich zu handeln. Verantwortung gibt es nur ohne Wenn und Aber.

Nun können Sie gewiss einwenden, dass man so viel Reflexion überhaupt auch *wollen* muss. *Touché!*, könnte ich da nur sagen und leicht defensiv hinzufügen, dass man aber viele, viele Gelegenheiten hat, an denen sich die genannte Einsicht entzünden und irgendeinmal auch generalisieren kann. Doch es bleibt dabei, dass man sich immer wieder neu – letztlich aber ein für alle Mal – dafür entscheiden muss, seine Verantwortung sehen zu wollen. Diesen Entscheid kann einem niemand abnehmen, und er ist die Hürde, die manch einer eben nicht überwindet.

Damit gelangen wir an einen heiklen Punkt unserer Argumentation. Denn nun könnte jemand sagen: Okay, ich habe mich dafür entschieden, meine Verantwortung zu sehen. Ich kann jedoch nur etwas verantworten, das ich auch in freiem Willen gewollt – und deshalb getan – habe und von dem ich die Folgen hinreichend genau abschätzen konnte.

Und auch da würde ich zwei Mal Nein sagen.

Die Sache mit dem freien Willen

Seit vielen Jahren streiten sich nun die Gelehrten darüber, ob der Mensch überhaupt einen freien Willen hat. Viel Scharfsinniges ist dazu erdacht und viel Blödsinniges verzapft worden (vgl. beispielsweise Roth & Ryba, 2016). Auch wenn hier nicht der Platz ist, den Streit adäquat zu würdigen, sollen doch ein paar Aspekte beleuchtet werden.

Wenn freier Wille bedeutet, das, was jemand tut, als vorausset- zungslos zu verstehen, dann verwechselt man den menschlichen Wil- len mit einem Zufallsgenerator. Freier Wille kann nicht unabhängig von Bedürfnissen, Gründen, Bedingungen, Argumenten, Abwägungen, Einschätzungen und so weiter existieren. Freier Wille kann nur heißen, dass man bei gegebenen Bedürfnissen, Gründen, Bedingungen, Argu- menten, Abwägungen, Einschätzungen und so weiter auch zu mehr als *einem* möglichen Entscheid kommen kann.

Die berühmten Experimente von Benjamin Libet in den Achtziger- jahren haben viel Brennholz geliefert, mit dem der freie Wille schon mehrfach verbrannt wurde. Noch bevor ich weiß, dass ich etwas tun werde, hat das mein Gehirn nämlich schon beschlossen. In den be- sagten Experimenten ließ sich an Gehirnaktivitäten ein Entschluss rund dreihundert Millisekunden, *bevor* die Versuchspersonen für sich «ich will» sagten, festmachen. Ein harter Schlag für all die Neoliberalen, die den Gesang von «Eigenverantwortung», wie er hier im ersten Kapi- tel gegeißelt wurde, vollständig auf dem freien Willen aufbauen. Jeder kann, wenn er nur will, lautet ihr Mantra. Also ist auch jeder dafür verantwortlich, wenn er nichts aus seiner Freiheit gemacht hat (Yuval Noah Harari hat das ausführlich nachgezeichnet; 2017, S. 410 ff.).

Diese neoliberale Haltung teile ich keineswegs, aber ich teile auch die aus Libets Experimenten abgeleiteten Gegenargumente nicht. Denn die Argumentation, nicht «ich» hätte etwas gewollt, sondern mein Ge- hirn, konstruiert einen völlig unhaltbaren Gegensatz. Denn «ich» bin ja nicht nur mein Bewusstsein, sondern mein ganzes Gehirn (respektive mein ganzer Körper) mit all seinen auch nicht bewussten Teilen. Ein «ich will» bedeutet, dass dieses Ganze etwas will. Nicht dass der bewusste Teil davon etwas will. Dummerweise ist es aber nur dieser bewusste Teil, der die oben angesprochene Reflexion und Einsicht leisten kann.

Daraus folgt: *Verantwortung für sich zu übernehmen, bedeutet potenziell, Verantwortung für etwas zu übernehmen, das man (bewusst) nicht hinreichend durchschaut und versteht.*

Es ist beim ganz normalen täglichen Tun und Lassen nämlich nicht anders als in dem Fall, wo ich mehr getrunken habe, als mir gut tut, und mich dann doch noch ins Auto setze und prompt einen Unfall baue. Wieder ausgenüchtert werde ich dafür die Verantwortung übernehmen (wenn ich mich gemäß obiger Argumentation grundsätzlich für diese Betrachtungsweise entschieden habe), wiewohl ich den Unfall außerhalb jeglicher Zurechnungsfähigkeit gebaut hatte. Ich weiß ja, dass «ich» es war, der zu viel getrunken hatte und dennoch Auto gefahren ist.

Verantwortung für mein Tun und Lassen übernehme ich, *obwohl* ich längst nicht jederzeit weiß, was ich warum und wozu getan habe.

Anders wäre es ja auch gar nicht möglich, verantwortungsvoll Kinder in die Welt zu setzen. Was Platon freilich nicht bedacht hat, als er dies an die bemerkenswerte Forderung knüpfte, «... die Fortpflanzung möge ein *tokos en kalo* sein, ein Zeugen im Schönen» (Sloterdijk 2017, S. 226). Wer weiß in diesem Moment schon, wie viel Schönheit er in die Welt setzt?

Niemand sagt, er trage die Verantwortung für die Aussage, zwei plus zwei sei vier. Denn dies ist eine bekannte Tatsache und hat nichts mit Verantwortung zu tun. Verantwortung kommt ausgerechnet da zum Zug, wo *Ungewissheit* besteht. Wenn ein Arzt wüsste, dass seine Operation zu hundert Prozent gelingt, wäre Verantwortung kein Thema. Er trägt die Verantwortung, obwohl und weil er sich niemals zu hundert Prozent sicher sein kann. Aber er tut das, was er tut, nach bestem Wissen und Gewissen und ist daher bereit, es auch zu verantworten. Das reicht nach meinem Dafürhalten für ein platonisches *tokos en kalo*...

Verantwortung ist grundsätzlich «Verantwortung, obwohl...». *Obwohl* ich mir über die Folgen meines Tuns nicht zu hundert Prozent sicher sein kann. *Obwohl* mir längst nicht alle meine Motive bewusst sind. *Obwohl* ich nicht abschließend wissen kann, welche Alternativen mir (und warum) gar nicht erst in den Sinn gekommen sind.

Gerade der letztlich *arbiträre Charakter von Verantwortung* ist das entscheidend Menschliche. Wir sollten (egal, ob wir es glauben oder nicht) ganz bewusst von der Hypothese ausgehen, dass es *keinen* freien Willen gibt – und *dennoch* oder gerade deshalb bereit sein, die Verantwortung für unser Tun und Lassen zu übernehmen.

Wir können unser Handeln nämlich beobachten und sagen: Das war *ich,* der so gehandelt hat. Warum und wieso auch immer. Also muss auch *ich* es sein, der das verantwortet.

Hier gilt es, an die (nie gehaltene) «Rede über die Würde des Menschen» von Giovanni Pico della Mirandola aus dem 15. Jahrhundert zu erinnern. Gott hatte die Welt «... nach den Gesetzen geheimer Weisheit kunstvoll errichtet. Die Gegend oberhalb des Himmels hatte er mit Geistern ausgestattet, des Himmels Sphären mit unsterblichen Seelen belebt und die schmutzigen und unreinen Bereiche der unteren Welt mit einer Schar von Lebewesen aller Art gefüllt. Doch als das Werk vollendet war, da wünschte sein Erbauer, es sollte jemanden geben, der imstande wäre, die Einrichtung des großen Werkes zu beurteilen, seine Schönheit zu lieben, seine Größe zu bewundern.» (Pico della Mirandola, 2009, S. 7). Also schuf Gott zuallerletzt den Menschen, hatte aber keinerlei Eigenarten mehr übrig, mit denen er ihn hätte ausstatten können. Also gab er ihm stattdessen einen eigenen Willen, und er sagte zu ihm: «Du kannst nach unten hin ins Tierische entarten, du kannst aus eigenem Willen wiedergeboren werden nach oben in das Göttliche.» (Pico della Mirandola, 2009, S. 9).

Aus diesem Potenzial resultiert jene Pflicht, die Peter Sloterdijk eine *Vertikalspannung* nennt. Die Obligation, sich weiter zu entwickeln. Wir Menschen seien «... Geschöpfe also, die von dem Stress des Mehr-oder-

Weniger-aus-sich-machen-Könnens nicht entlastbar sind» (Sloterdijk 2017, S. 211).

Dieser Stress ist nach oben offen. Es gibt keinen Zustand des Vollentwickelt-Seins. Also darf man auch nicht unterstellen, wir würden unablässig in voller Kompetenz handeln. Wir wüssten also jederzeit ganz genau, was wir tun und wieso. Das ist genau nicht der Fall. Voll kompetent zu handeln ist – von Trivialem abgesehen – eher die Ausnahme als die Regel. Daher ist die Verantwortung für unser Tun, wie gesagt, immer eine «Verantwortung, obwohl...». Verantwortung ist im Grunde das, was Odo Marquard Inkompetenzkompensationskompetenz genannt hat.

Inkompetenzkompensationskompetenz

In einem berühmten Vortrag hat der Philosoph Odo Marquard 1973 die Erfolge der Philosophie über die Jahrhunderte nachgezeichnet. Er stellte fest, dass die Philosophie eine Kompetenz nach der anderen an Berufenere hatte abgeben müssen. Das Christentum hätte den Weg zum richtigen Leben besser zeichnen können. Die Naturwissenschaften konnten die Welt besser erklären. Die Politik konnte sie erfolgreicher gestalten. Der Philosophie bleibe nur noch *eine* Kompetenz, und die höre auf den schönen Namen Inkompetenzkompensationskompetenz.

In diesem Sinne ist Philosophie, wenn man trotzdem denkt. Und auf unseren Kontext übertragen: *Verantwortung ist, wenn man trotzdem handelt – und dazu steht,* auch wenn einem selbst niemals wirklich klar sein kann, ob einen tatsächlich (nur) die Gründe geleitet haben, die man sich und anderen gegenüber geltend macht. Und ob man tatsächlich das gemacht hat, was man so schön «nach bestem Wissen und Gewissen» nennt. Wer Verantwortung übernimmt, ist bereit, seine *Wirkung* zu verantworten – nicht nur seine Absicht.

Damit klärt sich nun etwas, das in den bisherigen Überlegungen nie explizit gesagt wurde: Verantwortung ist etwas, das man nur *übernehmen* kann. Nicht übergeben. Verantwortung zu übergeben bedeutet lediglich der Wunsch oder die Hoffnung oder die Aufforderung, ein anderer möge sie übernehmen. Ob er das tut, bleibt dahingestellt – denn ohne seinen Grundsatzentscheid *pro Verantwortung* und ohne sein subjektives *Empfinden* von Verantwortung findet es nicht statt.

Die potenzielle Fähigkeit zu diesem Grundsatzentscheid und zu diesem Empfinden haben nur wir Menschen. Kein einziges Tier hat sie. Da hatte Pico della Mirandela völlig recht. Unser Verhalten an sich ist ja keineswegs in jedem Fall etwas gänzlich anderes als tierisches Verhalten. Das soll keine Beleidigung für die Tiere sein. Doch außer Beispielen von der Art Nur-wir-Menschen-erfinden-die-Relativitätstheorie oder Nur-wir-Menschen-komponieren-die-h-Moll-Messe gibt es nicht so viele Verhaltensweisen, die uns als *völlig* verschieden von Tieren dastehen ließen. Und der Fairness halber müsste man noch hinzufügen, dass ziemlich viele Menschen weder die Relativitätstheorie erfinden noch die h-Moll-Messe komponieren ... Aber die zumindest potenzielle Fähigkeit, unser Tun und Lassen zu verantworten – die haben nur wir Menschen. Zumindest wenn wir diese Fähigkeit als eine über unser ganzes Leben generalisierte Inkompetenzkompensationskompetenz sehen.

Das allein ist doch schon ein guter Grund, sich für Verantwortung zu entscheiden.

Mit dem neoliberalen Konzept von Verantwortung hat das nicht viel zu tun. Denn das meint ja immer bloß «Nur du allein bist deines Glückes Schmied» und fügt unausgesprochen hinzu: «Also beklag dich nicht!». Der hier vertretene, als Inkompetenzkompensationskompetenz verstandene Begriff von Verantwortung hingegen beschränkt sich nicht auf das handelnde Individuum. Denn dieses ist ja nie ganz allein, sondern stets in soziale Zusammenhänge eingebunden. Und in Bezug auf diese sozialen Zusammenhänge ist unsere genuine *Inkompetenz* ganz besonders augenfällig. Wie gut können wir denn schon einschätzen, was wir mit unserem Tun und Lassen bei *anderen* bewirken? Wer sind sie überhaupt, diese anderen? Wird unsere Verantwortung kleiner aufgrund der Tatsache, dass andere auch eine Verantwortung haben? Die Kompetenz, diese genuine soziale Inkompetenz zu kompensieren – das ist die Aufgabe von Verantwortung. Hinter dieser Kompetenz steht der Grundsatzentscheid pro Verantwortung, und das subjektive Empfinden von Verantwortung spiegelt diese Kompetenz wider.

(Selbstredend wäre dies der angemessene Platz, um die philosophisch eminente Frage zu vertiefen, *wo* man die Verantwortung suchen soll: Beim Hund oder beim Hundebesitzer oder doch bei der allzu anziehend dargebotenen Wade des Joggers, in die der herzallerliebste Köter einfach beißen *muss*? Die nachweislich auflagensenkende Wirkung der einschlägigen Argumente lässt mich von einer diesbezüglichen Reflexion hier freilich Abstand nehmen.)

Nahe beim liberalen Denken ist dieser Verantwortungsbegriff aber in Bezug auf die Freiheit. Denn es stimmt, wenn man postuliert «Keine Freiheit ohne Verantwortung». Doch geht es dabei eben darum, nicht bloß an Freiheit *von* (Regulierungen, Einschränkungen und so weiter) zu denken, sondern vielmehr an Freiheit *zu* (einer Gestaltung von Zukunft, insbesondere).

Verantwortung und Freiheit

Wir leben in einer merkwürdig widersprüchlichen Zeit. Der Zeitgeist schwappt in wilden Ausschlägen hin und her zwischen totaler Autonomie und totaler Konsumhaltung. Unter *Autonomie* versteht er die eben als einseitig kritisierte neoliberale Freiheit, seines eigenen Glückes Schmied ganz allein zu sein. Eine totale *Konsumhaltung* auf der anderen Seite erwartet, alles frei Haus geliefert zu bekommen: Job, Sicherheit, Gesundheit, Schönheit, Glück und die ewige Liebe. Denn schließlich habe ich doch einen Anspruch darauf!

Beide Extreme sind sicher Überspitzungen. Aber die Spannung dazwischen existiert und kennzeichnet durchaus den Zeitgeist.

Freiheit ist aber kein Geburtsrecht, sondern eine Errungenschaft, die nur durch harte Arbeit erworben werden kann, argumentiert Carlos Strenger in *Abenteuer Freiheit* (Strenger 2017, S. 9). Und er fügt hinzu: «Wir sind dazu verdammt, die existenzielle Verantwortung für unser Dasein selbst zu übernehmen.» (Strenger 2017, S. 23).

Man kann sagen: Freiheit ist der Lohn, Verantwortung ist der Preis. Wenn wir nun aber feststellen, dass dieser Preis immer öfter gar nicht bezahlt wird, so kommen wir nicht umhin, eine direkte Unheilslinie zu ziehen von den finanzwirtschaftlichen Exzessen des Neoliberalismus, der nur gerade die Freiheit will, aber den Preis der Verantwortung niemals zahlt, bis hin zu einer unablässig weiter wuchernden Verwallstreetisierung und Entsolidarisierung des gesamten wirtschaftlichen und politischen Denkens. Auf diesem Hintergrund, der sich ja nicht etwa schamhaft als Verwilderung der Sitten, sondern selbstbewusst als angeblich alternativlos präsentiert, muss man sich nicht wundern, wenn viele «einfache» Menschen denken, sie wären ja schön dumm, Verantwortung zu übernehmen, wo das andere doch ganz unverhohlen nicht tun und saftig davon profitieren (vgl. hierzu die schonungslose Analyse von Michael Hudson, 2016).

Unerträglich wird die Sache dann, wenn der systematische Missbrauch der Freiheit ausgerechnet unter das Label der Verantwortung gestellt wird – die genau eben *nicht* wahrgenommen, jedoch lautstark proklamiert wird.

Es ist ein gesellschaftliches Glück, dass sich viele Menschen davon aber nicht abbringen lassen, den *Grundsatzentscheid pro Verantwortung* für sich selbst zu treffen und auf ihr Leben zu generalisieren – ungeachtet all der schlechten Vorbilder, von denen sie täglich lesen. Nicht selten sind es sogar recht klar identifizierbare Momente, die einen entsprechenden Entscheid auslösen.

«Gamechanger»-Momente

Wer die Verantwortungsbrille einmal verstanden hat, wird sie auch aufsetzen. Das heißt natürlich nicht, dass so jemand stets für alles die Verantwortung übernimmt. Er stellt sich nur konsequent die Frage, was der eigene Anteil ist und ob daraus Verantwortung resultiert. Auch wenn sich das bei jedem Menschen unterschiedlich entwickeln mag – es gibt mitunter auslösende Ereignisse oder Erlebnisse oder Beispiele anderer, die zum auslösenden Moment dafür werden können, die Welt fortan verantwortungs*bewusst* zu sehen.

Nehmen wir den frischgebackenen Vater, der in Gedanken versunken an der Wiege seines Kindes steht und plötzlich begreift, dass er all sein weiteres Tun und Lassen im Leben auf dieses kleine Wesen ausrichten muss, weil er – zumindest noch recht lange – die Verantwortung für dessen Wohlergehen trägt. Worauf er sein Motorrad verkauft und...

Nehmen wir das bereits erwähnte vierjährige Mädchen, das von seinen erwerbstätigen Eltern die Verantwortung für sein neugeborenes Brüderchen übertragen bekommt und fortan alles in seinem Leben (auch) durch die Verantwortungsbrille betrachtet. Auch als erwachsene Frau wird sie dies konsequent tun, was gleichzeitig ihre Laufbahn fördert und ihr Leben in mancher Hinsicht nicht unbedingt leichter macht.

Nehmen wir den Autoliebhaber, der zu schnell fährt, einen beinahe tödlichen Unfall baut und in der Rekonvaleszenz zu verstehen beginnt, was es heißt, ohne Betrachtung und Beachtung der eigenen Verantwortung zu handeln.

Natürlich kann man von keinem Ereignis sagen, es werde garantiert diese «Gamechanger»-Kraft haben. Dies lässt sich leicht an einem völlig überzogenen und natürlich fiktiven Beispiel illustrieren: Wir könnten nicht einmal prognostizieren, ob das ganz gewiss einschneidende Erlebnis der Einsitznahme auf dem Schreibtischstuhl im *Oval Office* geeignet ist, einem nicht mehr ganz jungen Mann vielleicht erstmals in seinem Leben eine Idee davon ins Gehirn zu pflanzen, was es heißen könnte, Verantwortung zu tragen. *So sad...*

Verantwortung *kann* eine Last sein. Das gilt für den Einzelfall. Übers Ganze gesehen ist es jedoch ein unglaublich erfüllendes Gefühl, die Verantwortungsbrille für sich entdeckt zu haben und sie auch konsequent aufzusetzen.

Die Lust an der Verantwortung

Verantwortung ist ein Subskriptionsgeschäft. Man zahlt zuerst und kriegt den Wein später. Man zahlt *zuerst* den Preis, Verantwortung zu übernehmen. Und man gewinnt *dann* Freiheit.

Dafür ist es erforderlich zu lernen, sich selbst zu übersehen und zu vergessen. Viktor E. Frankl hat diese Selbst-Transzendenz durch die Hingabe an eine Sache oder eine Person zur Voraussetzung dafür gemacht, in seinem Leben Sinn zu finden. Auch Verantwortung braucht diese Selbst-Transzendenz, weil das Fixiert-Bleiben auf die eigene Person fast alle im vierten Kapitel aufgezählten «sieben Todsünden» – die verführerischen Gründe, Verantwortung *nicht* zu übernehmen – begünstigt.

Vielleicht erwächst die wahre Lust auf Verantwortung letztlich aus dem Geist des Prometheus: Nach der alten griechischen Sage hatte Prometheus den Göttern das Feuer gestohlen und es den Menschen gebracht. Die Götter fanden das nicht so toll und ketteten Prometheus zur Strafe an einen Felsen im Kaukasus. Jeden Tag schickte Zeus, der Göttervater, einen Adler vorbei, der Prometheus die Leber aus dem Leib riss, die ihm nachts wieder nachwuchs.

Lust auf Verantwortung wäre demnach: *Im Wissen darum, dass man das Feuer nie ganz beherrschen kann, trotzdem damit umzugehen und seine Kraft zu nutzen.* Zu wissen, dass Verantwortung die kompetente Haltung ist, mit der man seine Inkompetenz in Vielem – sprich: das genuine Nicht-den-Erfolg-garantieren-Können – kompensiert. Wer Verantwortung in sein Leben lässt, wird damit eine Flamme entzünden und am Brennen halten. Er vermag sich und anderen damit Energie zu geben, kann Dinge schaffen und Verhältnisse verändern. Er schafft es, sich und andere Menschen zu mehr und Neuem zu befähigen, Erfolge zu erringen und Niederlagen zu überwinden. Er kann weiterkommen und sich an den Grenzen der Wirklichkeit reiben. Und er wird sich dennoch immer wieder an der Unbegrenztheit der Möglichkeit begeistern.

Kurzum: Lust auf Verantwortung ist letztlich die Lust, das Feuer (fast) zu beherrschen – und es erst noch den Göttern geklaut zu haben.

Wenn ich mich verantwortlich fühle, dann besteht eine faire Chance, dass ich zumindest versuche, mich auch verantwortungsvoll zu verhalten.

Verantwortung übernehme ich, obwohl ich längst nicht jederzeit weiß, was ich warum und wozu getan habe.

Verantwortung ist immer «Verantwortung, obwohl…». Verantwortung ist eine Inkompetenzkompensationskompetenz.

Lust auf Verantwortung ist letztlich die Lust, das Feuer (fast) zu beherrschen – und es erst noch den Göttern geklaut zu haben.

Literaturverzeichnis

Arendt, Hannah: *Elemente und Ursprünge totaler Herrschaft. Antisemitismus, Imperialismus, Totalitarismus.* München: Piper, 2000.

Berne, Eric: *Was sagen Sie, nachdem Sie «Guten Tag» gesagt haben? Psychologie des menschlichen Verhaltens.* Frankfurt am Main: Fischer-Taschenbuch-Verlag, 2012 (engl. Orig. 1972).

Berne, Eric: *Spiele der Erwachsenen* (orig. *Games People Play*). *Psychologie der menschlichen Beziehungen.* Reinbek bei Hamburg: Rowohlt, 2016 (engl. Orig. 1964).

Binder, Thomas: *Ich-Entwicklung für effektives Beraten.* Göttingen: Vandenhoeck & Ruprecht, 2016.

Flusser, Vilém: *Vom Subjekt zum Projekt. Menschwerdung.* Mannheim: Bollmann, 1994.

Frankl, Viktor E.: *Der Mensch vor der Frage nach dem Sinn.* Eine Auswahl aus dem Gesamtwerk. München: Piper, 2015 (Orig. 1985).

Frankl, Viktor E.: *Ärztliche Seelsorge. Grundlagen der Logotherapie und Existenzanalyse.* München: dtv, 2015 (6. Auflage). [Das dem Buch als Motto vorangestellte Zitat: S. 77 f.]

Frankl, Viktor E.: *... trotzdem Ja zum Leben sagen. Ein Psychologe erlebt das Konzentrationslager.* München: Kösel, 2016 (orig. 1977).

Frei, Felix; Hugentobler, Margrit; Alioth, Andreas; Duell, Werner; Ruch, Luzian: *Die kompetente Organisation. Qualifizierende Arbeitsgestaltung – die europäische Alternative [mit einer Methodik zum Business Reengineering].* Zürich: vdf, 1996.

Frei, Felix: *Voodoo-Management. Reflexionen zum Wandel und zur Führung.* Stuttgart: Concadora Verlag, 2006.

Frei, Felix: *33 Führungsbriefe.* Lengerich: Pabst Science Publishers, 2010.

Frei, Felix: *Weitere 33 Führungsbriefe.* Lengerich: Pabst Science Publishers, 2011.

Frei, Felix: *Die letzten 33 Führungsbriefe.* Lengerich: Pabst Science Publishers, 2014a.

Frei, Felix: *Denkfreiheit. Führungskräfte und das Bewusstseinsfenster.* Lengerich: Pabst Science Publishers, 2014b.

Frei, Felix: *Im Fluss. Unbehagen am Change Management.* Lengerich: Pabst Science Publishers, 2014c.

Frei, Felix: *Hierarchie. Das Ende eines Erfolgsrezepts.* Lengerich: Pabst Science Publishers, 2016.

Frei, Felix: *Freibriefe. 66 Reflexionen für Geführte.* Lengerich: Pabst Science Publishers, 2017.

Glasersfeld, Ernst von: *Radikaler Konstruktivismus. Ideen, Ergebnisse, Probleme.* Frankfurt am Main: Suhrkamp, 1996.

Gumbrecht, Hans Ulrich: *Unsere breite Gegenwart.* Berlin: Suhrkamp, 2010.

Harari, Yuval Noah: *Homo Deus. Eine Geschichte von Morgen.* München: C. H. Beck Verlag, 2017.

Hudson, Michael: *Der Sektor. Warum die globale Finanzwirtschaft uns zerstört.* Stuttgart: Klett-Cotta, 2016.

Jonas, Hans: *Das Prinzip Verantwortung. Versuch einer Ethik für die technologische Zivilisation.* Frankfurt am Main: Suhrkamp, 2003.

Kurzweil, Ray: *Menschheit 2.0. Die Singularität naht.* Berlin: Lola Books, 2013.

Laloux, Frederic: *Reinventing Organizations. Ein Leitfaden zur Gestaltung sinnstiftender Formen der Zusammenarbeit.* München: Franz Vahlen, 2015.

Laloux, Frederic: *Reinventing Organizations · visuell. Ein illustrierter Leitfaden zur Gestaltung sinnstiftender Formen der Zusammenarbeit.* München: Franz Vahlen, 2016.

Leontjew, Alexey N.: *Tätigkeit, Bewusstsein, Persönlichkeit.* Köln: Pahl-Rugenstein, 1982.

Maturana, Humberto R.; Varela, Francisco J.: *Der Baum der Erkenntnis. Die biologischen Wurzeln des menschlichen Erkennens.* München: Goldmann, 2005.

Mieg, Harald A.: *Verantwortung. Moralische Motivation und die Bewältigung sozialer Komplexität.* Opladen: Westdeutscher Verlag, 1994.

Peters, Klaus: *Indirekte Steuerung und interessierte Selbstgefährdung. Eine 180-Grad-Wende bei der betrieblichen Gesundheitsförderung.* In: Kratzer, N., Dunkel, W., Becker, K. & Hinrichs, St. (Hrsg.): Arbeit und Gesundheit im Konflikt. Berlin: edition sigma, 2011, S. 105–122.

Pico Della Mirandola, Giovanni: *Über die Würde des Menschen · Oratio de hominis dignitate. Rede über die Würde des Menschen:* lateinisch/deutsch. Stuttgart: Reclam, 2009 (zuerst: 1997).

Robertson, Brian: *Holacracy. Ein revolutionäres Management-System für eine volatile Welt.* München: Franz Vahlen, 2016.

Roth, Gerhard; Ryba, Alica: *Coaching, Beratung und Gehirn. Neurobiologische Grundlagen wirksamer Veränderungskonzepte.* Stuttgart: Klett-Cotta, 2016.

Schmale-Riedel, Almut: *Der unbewusste Lebensplan. Das Skript in der Transaktionsanalyse – Typische Muster und therapeutische Strategien.* München: Kösel, 2016.

Sloterdijk, Peter: *Menschenverbesserung*. In: Ders.: *Nach Gott*. Berlin: Suhrkamp, 2017, S. 210–228.

Sprenger, Reinhard K.: *Prinzip Selbstverantwortung*. Frankfurt am Main: Campus Verlag, 2015 (13. Auflage).

Strenger, Carlo: *Abenteuer Freiheit. Ein Wegweiser für unsichere Zeiten*. Berlin: Suhrkamp, 2017.

Vaihinger, Hans: *Die Philosophie des Als Ob. System der theoretischen, praktischen und religiösen Fiktionen der Menschheit auf Grund eines idealistischen Positivismus · Volksausgabe*. Bruchköbel: Eigenverlag Alfred Schilken, 1924.

von Foerster, Heinz: *Einführung in den Konstruktivismus*. München: Piper, 2006.

Wallace, David Foster: *Das hier ist Wasser*. Berlin: Kiepenheuer & Witsch, 2012.

Watzlawick, Paul; Beavin, Janet Helmick; Jackson, Donald De Avila: *Menschliche Kommunikation. Formen, Störungen, Paradoxien*. Bern: Huber, 1974.

Wilber, Ken: *Halbzeit der Evolution. Der Mensch auf dem Weg vom animalischen zum kosmischen Bewusstsein*. Frankfurt am Main: Fischer Taschenbuch Verlag, 2014.

Wygotski, Lew Semjonowitsch: *Denken und Sprechen*. Frankfurt am Main: Fischer Taschenbuch Verlag, 1977 (Original: 1934).

[Auch bei allen Quellenangaben und Zitaten wurde konsequent die neue deutsche Rechtschreibung verwendet.]

Dank

Mein erster Dank gebührt meinen solidarisch-kritischen Vorab-Lesern, meinem Bruder Peter T. Frei und meinem Freund Hanspeter Bürgin.

Für die Inspirationen mit den wohl weitreichendsten Folgen danke ich meinem Freund Theo Wehner.

Für Feedback, Kritik, Ideen, Anregungen, Gespräche, Ermutigungen und viel Werbung in den *social media* danke ich außerdem Jens Alder, Christoph Ammann, Ruth Angelillis, Cécile Aschwanden, Christof Baitsch, Vanessa Bay, Thomas Binder, Otto Bitterli, Yvonne Bogenstätter, Adrian Bult, Andrea Caviezel, Christoph Clases, Werner Duell, Silvio Erni, Tony Ettlin, Pascal Freiburghaus, Ruth Gresser, Bernhard Gurtner, Göpf Hasenfratz, Simone Inversini, Gerhard Klein, John G. Kuenzler, Rolf Kurath, Dorly O'Sullivan, Klaus Richter, Annette Schär, Carsten Schmidt, Erich Schwizer, Sabine Speich, Corina Wherry Obrist, Rainer Wieland, Marcel Wyss und Moritz Zumbühl. Sie alle haben mir geholfen, meine Gedanken zu schärfen. Und sie haben großzügig darüber hinweggeschaut, wenn ich trotz ihrer Anmerkungen eine Überlegung nicht besser zu fassen wusste. Einigen von euch habe ich ja richtig viel zu verdanken. Ich hoffe, dass die Gemeinten wissen, dass ich das weiß, auch wenn ich euch hier alphabetisch eingeordnet habe.

Für die Umschlaggestaltung danke ich wiederum Ruth Zimmermann und Peter Ruch – es ist einfach eine Freude, mit euch zusammenzuarbeiten. Gleiches gilt für Karin Jost, die seit Jahren mit akribischer Sorgfalt meinen sprachlichen Fehlern hinterher ist.

Auf Verlagsseite sei wieder Silke Haarlammert, Armin Vahrenhorst und vor allem Wolfgang Pabst herzlichst gedankt.

Felix Frei

3x33 Cartoons von Silvio L. Erni
Alle Texte in Deutsch und Englisch

PABST SCIENCE PUBLISHERS
Eichengrund 28
D-49525 Lengerich
Tel. + + 49 (0) 5484-308
Fax + + 49 (0) 5484-550
pabst.publishers@t-online.de
www.psychologie-aktuell.com
www.pabst-publishers.de

Felix Frei

Die Führungsbriefe-Trilogie

Führung ist schwieriger geworden. Die Geführten werden anspruchsvoller. Führungskräfte „wissen" wohl, was sie zu tun hätten – und alle Mitarbeiter sehen, dass sie das dennoch oft nicht tun. Die 3x33 Führungsbriefe von Felix Frei reflektieren Führung im Alltag, im Zusammenwirken vieler, und geben – humorvoll und mitunter provokativ – vielerlei Anregungen.

Was dieser Führungsbriefe-Trilogie fehlt, sind zeitgeistiges Managementgeschwätz und beeindruckende Anglizismen; nicht einmal berühmte Führungshelden werden als leuchtendes Beispiel zur Nachahmung empfohlen. Doch als kritischer Spiegel für Ihre Führung sind die 99 Führungsbriefe inspirierend. Selbst wo sie vorschnelle Antworten vermeiden – die Fragen lohnen Ihnen das Nachdenken.

❶ *Felix Frei:*
33 Führungsbriefe
288 Seiten, ISBN 978-3-89967-640-2,
Preis: 25,- €

❷ *Felix Frei:*
Weitere 33 Führungsbriefe
288 Seiten, ISBN 978-3-89967-682-2,
Preis: 25,- €

❸ *Felix Frei:*
Die letzten 33 Führungsbriefe
288 Seiten, ISBN 978-3-89967-850-5,
Preis: 25,- €

192 Seiten, Hardcover
ISBN 978-3-89967-864-2
Preis: 30,- €

PABST SCIENCE PUBLISHERS
Eichengrund 28
D-49525 Lengerich
Tel. + + 49 (0) 5484-308
Fax + + 49 (0) 5484-550
pabst.publishers@t-online.de
www.psychologie-aktuell.com
www.pabst-publishers.de

Felix Frei

Denkfreiheit

Führungskräfte und das Bewusstseinsfenster

Wie frei sind Führungskräfte in ihrem Denken? Ist es wirklich so, dass aus der Kraft von Argumenten und Fakten Einsicht folgt? Entscheidet man sich gemäß seinen Einsichten? Und handelt man dann auch gemäß seinen Entscheiden? – Längst nicht immer, das zeigt die tägliche Erfahrung. Unsere Handlungsfreiheit kann nicht größer sein als unsere Entscheidungsfreiheit; diese wiederum kann nicht größer sein als unsere Denkfreiheit – und die ist kleiner als wir meinen.

Dieses Buch erhellt, was in Ihrem Kopf vorgeht, und bewahrt Sie vor der Selbstüberschätzung Ihres bewussten Denkens.

Dieses Buch zeigt, wie Sie Ihr Bewusstseinsfenster erweitern und Ihre persönliche Denkfreiheit erhöhen können.

Dieses Buch konkretisiert, was daraus für die Führungs- und Persönlichkeitsentwicklung und das Entscheiden im Führungsalltag folgt.

„... most people would sooner die than think; in fact, they do so."
Bertrand Russell

208 Seiten, Hardcover,
ISBN 978-3-89967-969-4, Preis: 25,- €

eBook: ISBN 978-3-89967-970-0,
Preis: 15,- € (www.ciando.com)

PABST SCIENCE PUBLISHERS
Eichengrund 28
D-49525 Lengerich
Tel. + + 49 (0) 5484-308
Fax + + 49 (0) 5484-550
pabst.publishers@t-online.de
www.psychologie-aktuell.com
www.pabst-publishers.de

Felix Frei

Im Fluss

Unbehagen am Change Management

Change Management – das stand einmal für geplanten Wandel. Für das gezielte Verändern eines Ist-Zustandes, hin zu einem Soll-Zustand. Das kann nicht mehr funktionieren, wenn ohnehin alles im Wandel ist.

Der „Plan" des Change Managements ist die Folie nicht wert, auf der er steht. Die Frage heißt nicht mehr: „Wie verändern wir eine Situation?" Vielmehr heißt sie: „Wie überleben wir die Veränderungen?"

Das neue Buch des Psychologen und Beraters Dr. Felix Frei beleuchtet in elf Facetten den Wandel des Wandels und die Implikationen für das Change Management: Wandel, Treiber, Zwecke, Erfolge, Brechung, Lernen, Fortschritt, Scheitern, Gleichschritt, Standbein, Denken.

Die Form des Textes folgt einem einheitlichen Muster. Jede Facette ist mit einem einfachen Begriff betitelt, wird von einer Leitfrage eingeführt, legt ihre Argumentation dar und rekapituliert sie zum Ende in einer kurzen These.

„Im Fluss" versucht, seinem Titel formal und formulierend zu genügen. Es ist kein How-to-do-Buch für das Change Management. Es soll Reflexionen vermitteln und – vor allem – zu eigenen Reflexionen anregen. Es richtet sich an alle Profis aus dem Change Management.

188 Seiten, Hardcover,
ISBN 978-3-95853-178-9, Preis: 25,- €

eBook: ISBN 978-3-95853-179-6,
Preis: 15,- € (www.ciando.com)

PABST SCIENCE PUBLISHERS
Eichengrund 28
D-49525 Lengerich
Tel. + + 49 (0) 5484-308
Fax + + 49 (0) 5484-550
pabst.publishers@t-online.de
www.psychologie-aktuell.com
www.pabst-publishers.de

Felix Frei

HIERARCHIE

Das Ende eines Erfolgsrezepts

Es fehlt dem modernen Management an einer reflektierten Haltung der Hierarchie gegenüber. Der unübersehbare Erfolg des Hierarchie-Rezepts scheint jede Reflexion unnötig zu machen. In diesem Buch wird der Standpunkt vertreten, dass formale Hierarchie als leitendes Organisationsprinzip von Unternehmen im Zeitalter der Digitalisierung an ihr Ende kommt und die Zukunft konsequent auf Eigenverantwortung setzen muss.

Die Organisation der Zukunft muss fluide sein. Anders kann das Versprechen höchstmöglicher Agilität durch Digitalisierung nicht eingelöst werden. Fluide Organisationen sind nicht hierarchisch, sondern netzwerkartig gebaut. Sie sind selbstführend und basieren auf der Eigenverantwortung aller. Sie sind evolutionär, also in ständiger Bewegung und Anpassung an veränderliche Umwelten – Führung und Change sind vereint und nicht mehr zwei verschiedene Aufgaben.

Eigenverantwortung setzt freilich eine bestimmte Reife der persönlichen Handlungslogik voraus. Psychologische Modelle der Ich-Entwicklung zeigen, woran sich diese bemisst. Fluide Organisationen werden eine entsprechende Ich-Entwicklung nicht nur vermehrt voraussetzen, sondern gleichzeitig aktiv fördern.